U0120968

后浪

# 行星的秘密生活

## 太阳系的秩序、混乱与独特性

[英] 保罗·默丁 著　陈锐珊 译

PAUL MURDIN

THE SECRET LIVES OF PLANETS:

Order, Chaos and Uniqueness in the Solar System

浙江科学技术出版社

谨以本书

献给带领我们领略遥远世界的工程师和科学家

# 目　录

## 第1章

# 太阳系的秩序、混乱与独特性

如果犯罪小说所言可信，那么恬静和规律就是英国乡村生活的主旋律，其间必定穿插着一系列无关紧要却又跌宕起伏的小事，揭示了隐藏在体面人家光鲜亮丽背后的秘密。村里每天有固定来访的邮递员和抄表工，每月有桥牌俱乐部和教堂唱诗班的集会，每年会举办花卉展、农产品展和耶稣诞生表演。但后来，上校身带刀伤并卧倒在床，这被证实是他在远东从事不良勾当时结识的前合伙人所为。教堂司事吊死在教堂大钟的绳索上，顺理成章地被前妻的情人踢出遗嘱受益人名单。邮局女局长直到淹死在井里前还在调查投毒信件出自谁手，她的单车就倒在乡村绿地附近。恬静的乡村生活被扰乱，隐藏在平静表象之下的秘密暴露无遗。

阿加莎·克里斯蒂的这些小说都是基于现实生活的虚构创作。我们希望生活秩序井然，但我们也清楚，生活中偶尔也会发生风云难测的混乱事件，例如车祸、疾病、飓风、洪水和恐怖袭击。

无独有偶，我们也认为太阳系恒久不变，一如时钟或天文仪器。短时间内的确如此。但放眼历史长河，这些行星及其卫星的生活是那样扣人心弦且怪诞离奇。一如人类生活，行星生活中的某些变化也是循序渐进的，与人类自然成长的过程相生相成。一如人类生活里的灾

祸，这些变化足以使行星的生活翻天覆地，将它们推入新的轨道——无论从字面意思还是从引申义来看。这些戏剧性事件造成的影响会在行星的外观和结构上留下蛛丝马迹，而行星科学工作的一部分，正是按迹循踪。19 世纪苏格兰地质学家阿奇博尔德·盖基在研究地球时写道：“当下，是了解过去的钥匙。”对地球来说如此，对所有行星来说也不外如是。

太阳系恒久如时钟的设想在 18 世纪达到了顶峰。作为一个天体围绕太阳公转的行星系，太阳系的基本结构由波兰神职人员尼古拉·哥白尼在 1543 年提出，并由意大利物理学家伽利略·伽利雷在 1610 年通过望远镜观察加以证实。1609 年至 1619 年，德国天文学家约翰内斯·开普勒发现了行星运动的三定律，其中一条定律就是行星的公转轨道为椭圆形。1687 年，英国数学家艾萨克·牛顿在其著作《自然哲学的数学原理》中汇集了相关发现，提出了行星运动的基本原理，并简明扼要地阐述了万有引力定律。

牛顿的太阳系模型本身就是一件缜密的数学杰作。

他在1726年强调："这个由太阳、行星和彗星组成的奇异分布，只能是那位全知全能者的杰作。"按照牛顿的观点，上帝精心安排了太阳系的运动，并通过万有引力定律控制行星的运动轨迹。

牛顿的接班人将这一宇宙模型发扬光大，其中最著名的当数法国物理学家皮埃尔·西蒙·拉普拉斯。他从牛顿的基本原理出发，运用数学方法证明了太阳系的稳定性。行星在圆盘状轨道上围绕着太阳公转，且将无止境地运转下去。因此他认为，太阳系从诞生之初就不再改变。太阳系的永恒是始终如一且理所当然的。

拉普拉斯用神学观点解释了物理学的精确性：

> 我们应当把宇宙现在的状态视为它已经历状态的结果，以及它的下一个状态的成因。假如有这样一个智慧体，能够掌握某一时刻宇宙中的一切作用力和万物此时的相应位置，并且有能力分析这些数据，那么它一定能够用同样的规律解释万物的运动，无论是宇宙中最大的那些天体，还是最小的那些原子。因此，在这个智慧体眼中，根本不存在什么不确定的事物，它能够着眼过去，也能展望未来。

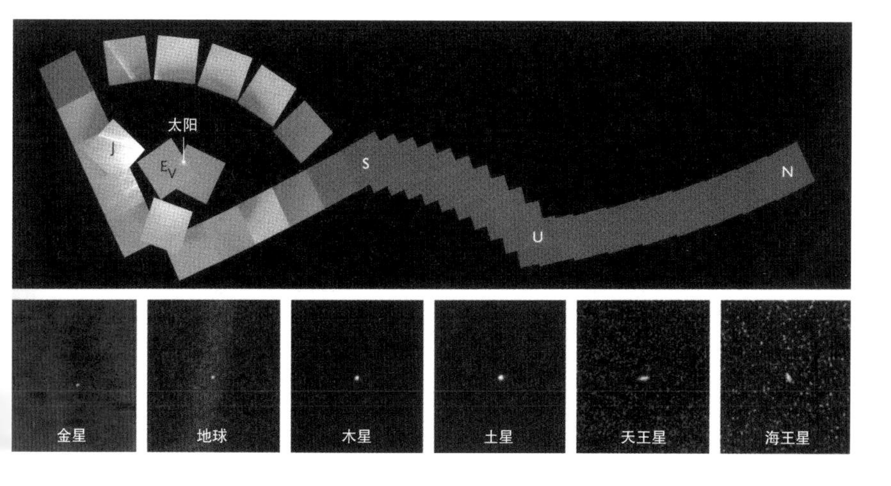


第一张太阳系行星“全家福”由“旅行者 1 号”航天器摄于 1990 年 2 月，只有 3 个航天器能从如此远的距离（距离太阳约 60 亿千米处）进行这样的观测：“旅行者 1 号”“旅行者 2 号”和“新视野号”

18世纪伊始，神学家威廉·佩利在其颇具影响力的著作《自然神学》中描述了行星系统的构建过程：

引力是推动这些（行星）系统运动的原因，其大小与距离的平方成反比：当距离是原来的两倍时，引力是原来的四分之一；当距离是原来的一半时，引力是原来的四倍；以此类推……我认为，这些主张的提出是为了证明选择和规律性，即无限多样性之中的选择，以及中立且无限的事物因其自身性质被规范化而形成的规律。

佩利将太阳系（以及其他自然现象和人体）比作一块做工精细的手表。正如手表是由钟表匠运用某种特殊方式制作而成的，自然现象也是由上帝——这位神圣的钟表匠创造出来的。这就是上帝存在的目的论证明（又被称作设计证明）。简而言之，佩利的论点是：自然现象错综复杂却和谐运作，仿佛是设计者提前设计好的，而这位设计者就是上帝。佩利假设我们发现地上有一块手表：

那么这块表的背后一定有一位设计者；在某时

> 某地，必然有一位或一群钟表匠出于某种目的制作了它；这些设计者理解它的架构，并设计了它的用途。

这样的宇宙模型让人心安神定：我们赖以生存的和谐世界是由至高无上的上帝设计出来的。佩利不仅将这一模型应用于太阳系的行星，还聚焦人体解剖学——他认为人眼的复杂结构是被设计出来的，而设计者就是上帝。时至今日，该模型依然屹立不倒，佩利的著作也不乏援引。

19 世纪的达尔文进化论为人体结构提供了另一种理论解释。这种设计之所以在生物体中可见，是因为能够遗传给下一代的突变有利于生物的成功进化。因此，生物器官的结构会不断地进行完善，以更好地适应生存需要。由此看来，器官的设计仿佛有意为之。如今，佩利书中的论点常用于反对达尔文进化论，支持神创论，即宇宙——尤其是人类，是上帝一劳永逸的创作。

生物学领域的科学论证是生物体通过渐进式可遗传变化朝着可预见的方向进化，而自然选择决定了进化的方向。在物理学领域，量子力学的发展出现在 20 世纪，而佩利有关物理学运作的确凿之言建立在自然神学的基础上，这让他饱受后现代主义的质疑。量子力学明确引入了不确定性原理：一个既定物理过程的结果在本质上是不确定的，自然的物理变化没有必然的结果，只有一系列的可能。

这一原理在微观世界中表现得更加一目了然——包括电子、原子、夸克等。在天文学领域，混沌理论的发现建立在对万有引力定律的应用之上。根据该理论，宏观宇宙中天体的未来是飘忽不定的，比如太阳系。拉普拉斯在启蒙运动时期的论断——万有引力定律可以预测一切未来并不准确。未来没有必然，只有可能。这与钟表设计带给我们的心安神定恰恰相反。

拉普拉斯夸耀这个强大的智慧体可预见一切未来，是基于牛顿对两个在轨天体相对运动的分析：要么是太阳和行星，要么是两颗恒星，要么是两个星系。椭圆轨道在这些情况下的确是永恒不变且循环往复的。但是，太阳系当然不止由两个天体组成——环日轨道上除了八大行星，还有不计其数的小天体。在某种程度上，行星间的引力是无法忽略的，和循环往复的双体模型相比，

多行星的运行轨道实际上更为复杂。

哪怕只是将牛顿理论的双体研究增加为三个天体，也能使其成为真正棘手的问题。1889 年，瑞典国王悬赏重金求解广为人知的“三体问题”：在万有引力的作用下，三个天体的运行轨道是什么样的？虽然法国数学家亨利 · 庞加莱参与了这一学术竞赛并获得了大奖——因为他的分析给人留下了最深刻的印象，但他也没法做出准确的科学解答。

尽管庞加莱可以运用代数计算出三个天体的轨道——今天我们可以借助计算机，可当时他只能在纸上进行烦琐的计算——但是这些轨道“混乱到我根本无法把它们画出来”。此外，庞加莱发现，只要三个天体的初始位置略有变化，它们的运行轨道就会截然不同。“初始条件的微小差异可造成迥然不同的最终现象。因此，预测是不可能的。”

现代数学证实了庞加莱的推论。如今，数学家使用“混沌”一词描述行星的运行轨道。从行星的特定结构出发，你将可以计算出它们的位置，比如 1 亿年后的位置。假设将其中一颗行星的初始位置移动 1 厘米，你也许会认为 1 亿年后行星的位置基本没有发生变化，初始位置对其造成的影响完全可以忽略不计。但事实上，行星可

哈勃空间望远镜于 2005 年拍摄的 NGC 346 星云，其中最小的新生恒星的质量只有太阳的一半

以运行到任何可能的位置，最终的结果可能与之前截然不同。差之毫厘，谬以千里。

在现代物理学中，“混沌”一词被用来描述这样一种状态：虽然短期状态是可预测的，但长期状态却因与初始状态息息相关而无法被计算出来。通常情况下，气象学家或多或少能预测一天或一周后的天气。然而，因为没有人知道巴西每一只蝴蝶扇动翅膀造成的空气扰动究竟是多少，所以气象学家也无法预测一年后的飓风将在何时何地袭击佛罗里达州——扇动翅膀带来的无法预测的细微影响已经彻底改变了未来。麻省理工学院的气象学家爱德华·洛伦茨在 1963 年发现了这一现象。哪怕只改变一丁点初始数据，天气预报的结果也会大相径庭。洛伦茨将这个现象称作“蝴蝶效应”；詹姆斯·约克则创造了“混沌”一词。“混沌”这一气象概念与庞加莱早期发现的行星轨道的特征是一样的。

就太阳系而言，“混沌”意味着自太阳系形成以来，行星的位置在过去 40 亿年里发生了难以估量的巨变。这些巨变赋予了太阳系中每颗行星独一无二的特性。更出乎意料且至今仍无法解释的是，据我们了解，太阳系这一整体似乎在宇宙中绝无仅有。

✷

我在2019年写到，当时已有约3,800颗行星在围绕太阳以外的恒星运动，它们被称作系外行星。行星似乎并不罕见。在银河系中，平均每颗恒星拥有一颗行星——半数恒星没有行星，半数恒星拥有两颗行星。我们统计的样本并不完整，因为在几光年甚至数千光年之外发现围绕恒星运动的行星并非易事。科学家只能对一些简单案例多加探索，通过它们了解行星和行星系统的共性。

银河系中最常见的行星是类地行星，但它们的体积可能是地球的两倍，即所谓的“超级地球”。我们的太阳系有四个类地行星，地球是其中最大的。太阳系没有超级地球：有可能从未有过，也有可能曾经存在但如今已消失。虽然超级地球诞生的条件尚不明确，但我们的太阳系很有可能错失了这一机会。或许，太阳系中曾存在过一个超级地球，可它却莫名其妙地被抛入了星际空间。在太阳系漫长的一生中，究竟发生过怎样的灾难性事件，使超级地球灰飞烟灭，却让地球死里逃生？

另一差异与质量接近或相当于木星的系外行星有关。它们相当常见：我们的太阳系中就有两个——木星和土星。类木行星是最常见的系外行星（当然，这是因为它

们的体积和质量都是最大的，所以是最容易被发现的）。出乎意料的是，与太阳系木星不同，系外类木行星更靠近恒星，因此它们的温度更高且更容易蒸发。类木行星之所以这么大，是因为它们形成于行星系统中较偏远、较寒冷的区域。那么，系外类木行星是如何抵达离恒星更近、温度更高的区域的呢？如果这种情况在其他星系中很稀松平常，为何唯独没有发生在我们的太阳系？

总之，在 3,800 个已知的行星系统中，我们的太阳系是绝无仅有的。但天文学对此还没有达成一致的解释。

然而，天文学可以解释行星的许多特征，追溯与这些特征相关的特定事件。尽管如此，其他秘密仍有待发掘。历史人物的传记有留白，行星也不例外。

在开始研究它们的历史之前，我们需要了解行星是什么，即本书的主人公是谁。

“行星”这一概念随着我们对其认知的加深几经演变，也给我们带来了些许困惑。天文学家原想厘清一切，怎料剪不断，理还乱。

“行星”一词源自古希腊语，意思是“流浪的星星”，与恒定无关。恒定的星星指天空中相对位置保持不变的闪烁星点（就当时的天文观测水平而言）；与恒定的星星相比，行星的位置是变化的。曾有七颗星星被定义为行星：水星、金星、火星、木星、土星、太阳和月球。

1543年，哥白尼发现太阳是一颗恒定的星星，月球是围绕地球运行的卫星，而地球是六大行星之一，与水星、金星、火星、木星、土星一起围绕太阳运动。人们对宇宙的认知随之发生了改变。行星的轨道近似圆形，并且在同一平面上。后来，人们在其他行星的轨道上发现了更偏远的卫星，在更远的环日轨道上发现了天王星和海王星。

根据太阳系中天体的位置和运动，“行星”的定义在那个历史时期是明确的。但是，在将更多因素纳入考虑范畴后（比如太阳系天体的性质），这个词的定义也让人困惑不已。围绕太阳运动的彗星并不是行星，因为它们拥有不规则的轨道。彗星的轨道偏心率较大，而行星的轨道更接近圆形；彗星的轨道较倾斜，与其他行星的轨道不在同一个平面上。最重要的是因为它们的外观不同，这意味着它们的结构也不同。行星及其较大的卫星近似球体，要么有着固态表面，要么被云层包裹。它们具有分层结构，中间是固态或液态的核球，表面被气态的大

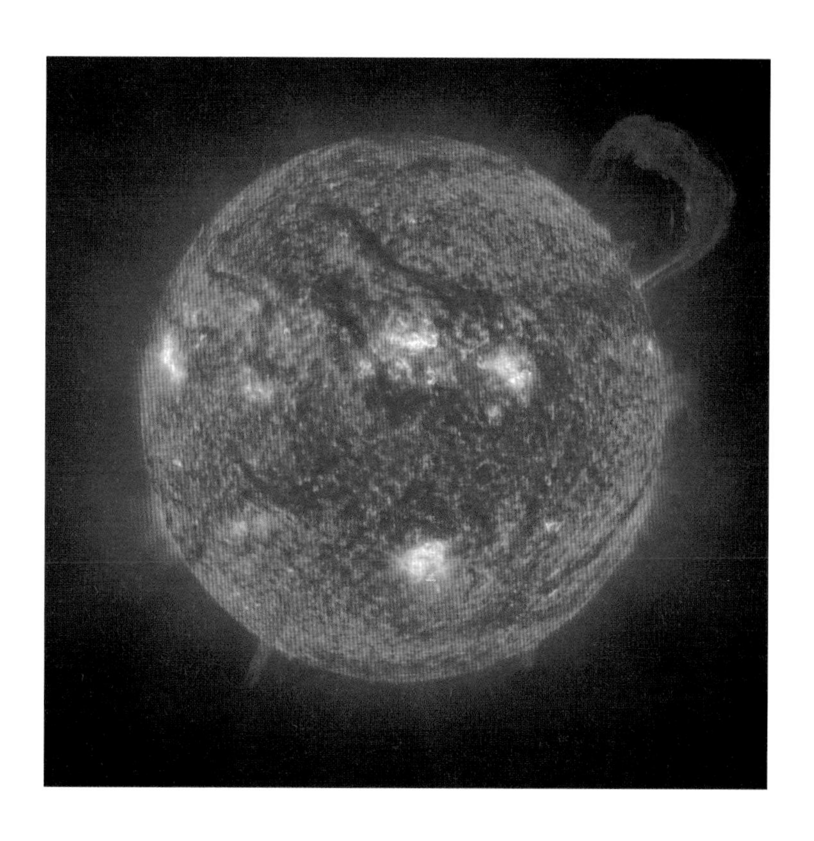

一次明显的把手状日珥喷发，摄于 1999 年

气层环绕，每一层都支撑着更轻的外层。彗星是弥散的（“彗星”这个词的意思是“毛茸茸的星星”），并且带着尾巴：它们的结构与行星迥异。

19世纪的人们又有了新发现：位于木星和火星之间的小天体围绕着太阳运动，这些天体的轨道大多接近圆形，且与大行星共面。与大行星相比，这些天体小得出奇。其中有一些近似球体，还有许多是不规则的。它们最初被称为“小型行星”，但后来被认为是与行星有着本质区别的天体，并拥有了一个新名字：小行星。

之后，太阳系天体的分类出现了严重的失误。1930年，近似球体的冥王星被发现。这颗略似火星的天体围绕太阳运行。当时科学家推测海王星之外可能还存在一颗新行星，在寻找的过程中发现了冥王星。因此，早在被发现之前，冥王星其实就已被假定为一颗行星。但是，与其他行星的轨道相比，它的轨道高度倾斜且偏心率非常大，甚至与海王星的轨道交叉。人们开始质疑冥王星的行星地位。从1992年开始，科学家在冥王星之外发现了越来越多的在轨天体。它们的形状近似球体或不规则的碎块，让人联想到小行星。它们被精准地命名为“海外天体”。

随着对行星、小行星和海外天体起源的了解逐渐深

入，这些特性被联系在了一起。在太阳诞生之际，原本围绕着它的圆盘（即“太阳星云”）聚集了大型天体，行星便是这一过程的主要产物。而这一过程遗留下来的岩屑和此后小行星碰撞产生的碎块则形成了小行星、彗星和海外天体。这让人们开始重新审视冥王星：它既由岩屑组成，又是行星。毫无疑问它是一颗海外天体，但它被归为行星却仍有疑点。假设太阳系中的天体存在等级地位一说，我们可以认为是该观点导致了冥王星被重新定义和降级。

冥王星的确是一个围绕太阳运动的天体，且其巨大的质量足以让自身保持近似球体的形状，实现自我支撑。然而，行星第三个定义的出现导致冥王星被踢出行星之列。该定义于 2006 年被代表天文学界的国际天文学联合会采纳。数百人在捷克布拉格召开的这场会议上举手赞成了这项决议，我就是其中之一。这项有争议的决议引起了公众的广泛关注，因为他们认为冥王星的重要性被削弱了。一小群学生及其他一些人对此均持有异议。公众的重视是我始料未及的，但与此同时，一个冷门天文学事件也能引起如此广泛的重视，让我倍感欣慰。

令冥王星无法跻身行星之列的第三个特性，既不是它的轨道，也不是它的结构，而是它的历史。国际天文学联合会规定，除了拥有合适的轨道和结构，行星还必须有能力清除其轨道上的其他天体，或将它们合并为自身的一部分，或将它们俘获为自己的卫星，或将它们弹射到其他轨道上。按照国际天文学联合会的说法，一颗行星必须有能力控制自己所在的轨道。而冥王星无法胜任：它的轨道不仅与海王星交叉，还有其他许多海外天体。因此，冥王星被移出了行星名单，被归为“矮行星”。小行星带的谷神星也因同样的原因被定义为矮行星：它的结构、大小都与冥王星相似，它也无法清除轨道上的其他小行星，因此它不是一颗行星。

目前在我们的太阳系中，不加任何限定词的“行星”仅包括水星、金星、地球、火星、木星、土星、天王星和海王星。矮行星包括最大的小行星谷神星、冥王星和其他大型海外天体。“卫星”围绕着行星运行。其他天体都被称为“太阳系小天体”，这一名字听起来与“海外天体”一样中性且乏味。

作为一名科学家，我本该循规蹈矩，严格按照书名所述，聚焦获得现代天文学认可的太阳系八大行星。但是，在构思的过程中，我发现如果我过于规行矩步，那么太阳系中某些最重要的领域可能会被忽略，而这些领域都是 21 世纪初天文学关注的焦点。因此，除了八大行

星，本书还涵盖了两颗矮行星和一些太阳系小天体，比如小行星、微陨星体和部分卫星。本书所选，都是太阳系中我认为最重要的领域。它们与众不同，有着最为丰富多彩的个性。依我之见，它们的历史也最值得我们一窥究竟。

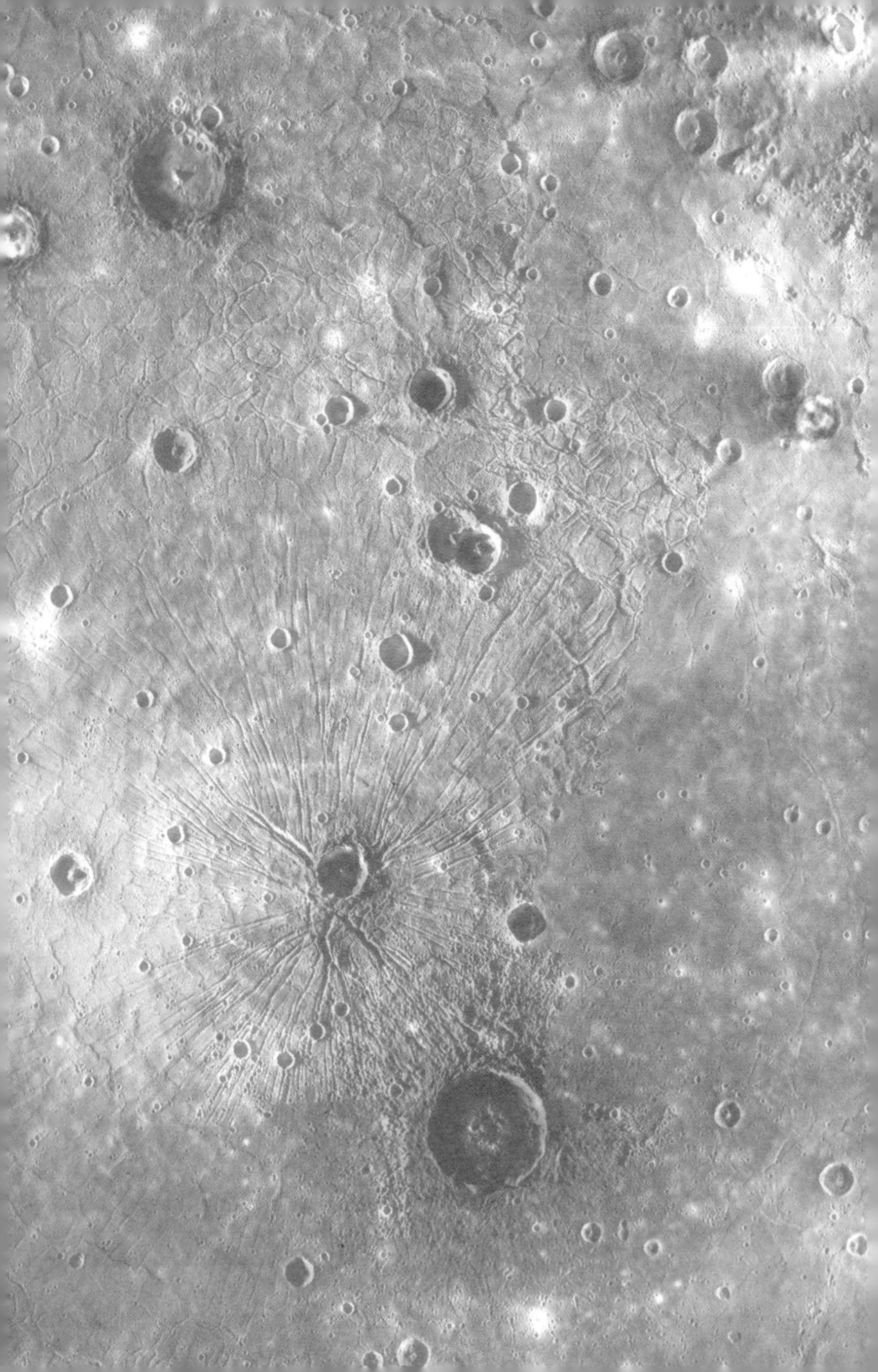

# 第 2 章

# 水星

## 撞击、朦胧与偏心

**科学分类**：类地行星

**距离太阳**：5,790 万千米，是日地距离的 0.39 倍

**直径**：4,879 千米，是地球直径的 0.383 倍

**公转周期**：88 天

**自转周期**：59 天

**平均表面温度**：167℃

**不为人知的骄傲**："在太阳系所有的行星中，我有着最飘忽不定的轨道和最夸张的温差。"

一颗无大气层行星的残破表面揭示了它在太阳系中的活动历史，正如一位退役拳击手的开花耳朵和断裂鼻梁讲述了他在拳击场上的光荣与耻辱。水星没有大气层，它布满陨石坑的表面讲述了约 39 亿年前发生的那场宇宙撞击事件——晚期重轰击。

水星是最腼腆的行星，要了解它的早期历史并非易事。即便到了技术发达的太空时代，近距离观测也很难进行。从前，天文学家只能依靠地面望远镜观测水星，寻找任何相关信息都十分困难。这一切要归咎于它的位置——水星是太阳系最内侧的行星，身处地球的我们为

了观测它不得不看向太阳。水星腼腆地躲在太阳边缘，在夺目的阳光下我们很难见它一面，只能偶尔进行短暂的观测。

墨丘利是众神的使者。就快速穿梭的特性而言，水星和他确有相似之处。水星是距离太阳最近的行星，因此受到太阳的引力也最大，它和墨丘利一样神出鬼没：水星是环日轨道上运行速度最快的行星。它绕太阳公转一周只需要 88 天——同样是绕太阳公转一周，地球需要 365 天。从我们在太阳系中的位置来看，水星在绕太阳公转时会交替出现在太阳两侧。在大约一个月的时间里，水星会出现在黄昏时分的日落地平线上，此时它被称为昏星。接下来的一个月它会消失在耀眼的阳光下。此后的一个月它会出现在黎明时的低空中，此时它被称为辰星。再接下来的一个月它会再次躲在太阳后面，最后回归原点。它完成每个会合周期需要 116 天。（“会合周期”指太阳、地球和一颗行星或月球的相对位置循环一次所用的时间。水星的会合周期取决于水星和地球的轨道。这解释了为什么水星的会合周期不同于它的公转周期。)

起初，古希腊天文学家认为早晚交替出现的水星是两颗独立的行星，因此赋予了它两个名字：阿波罗和赫尔墨斯。据说，数学家毕达哥拉斯在公元前500年就指出这两者实为同一行星。他大概是注意到了两者的外形和运行速度都极为相似，更关键的是，阿波罗出现的时候，赫尔墨斯从不露脸，反之亦然。最终，赫尔墨斯获胜并获得了这颗行星的命名权；现代希腊人依然沿用这个名字。在国际通用科学术语中，水星的英文名直译是墨丘利，正是与古希腊神话中的赫尔墨斯对应的古罗马神祇。

这些自古以来就为人所知的行星的特征、同名神祇和对应的占星术的影响之间存在某种联系。墨丘利（水星）的移动速度惊人；维纳斯（金星）是爱与美的女神；玛尔斯（火星）钟爱象征好战的猩红色；朱庇特（木星）是众神之王，以戏弄臣民而闻名；萨图恩（土星）的行动迟缓。一些描绘人类品质的英语单词就源自这些行星的特征——活泼（水星）、风流（金星）、黩武（火星）、快乐（木星）、忧郁（土星）。[①] 它们都是古老占星术的活化石。

---

① 这些与行星对应的英文单词分别是：mercurial (Mercury), venereal (Venus), martial (Mars), jovial (Jupiter), saturnine (Saturn)。——本书页下注释均为编者注

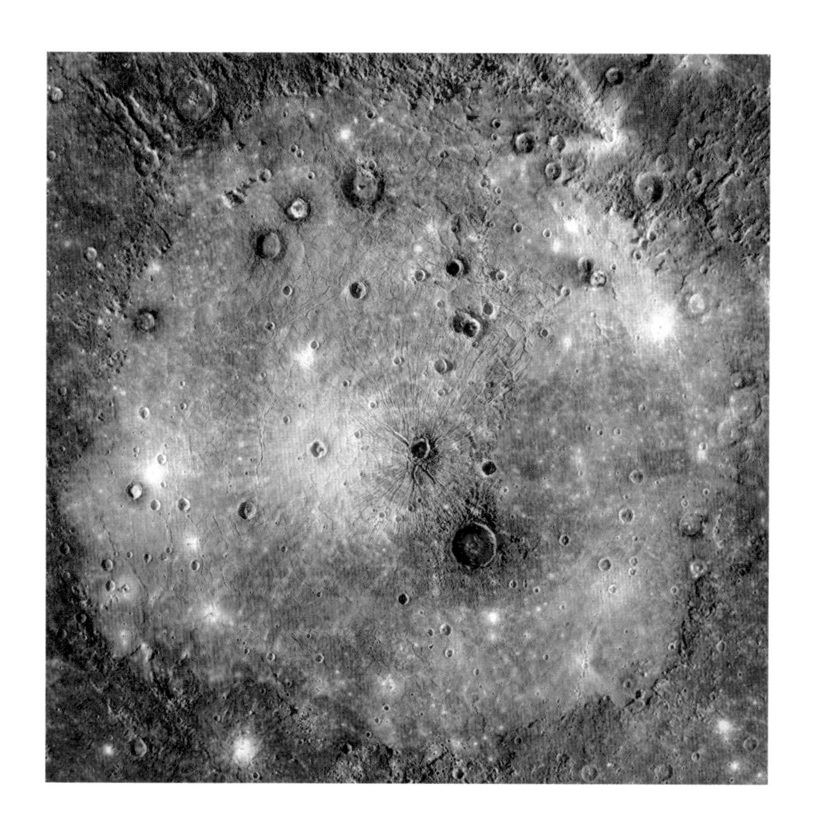

卡路里盆地，由“信使号”水星探测器拍摄
© NASA/Johns Hopkins University Applied Physics Laboratory/Carnegie Institution of Washington

在不同历史文化或不同历史时期中，人类认为行星是神圣的存在，它们是神祇的家园，是神祇影响人间的媒介，甚至是神祇本尊。我们认为前两个认知富有诗意。相信行星会影响我们的性格或影响将要发生在我们身上的事情，这就是占星术，一种盛行至今的迷信。但最后一个——相信行星是神祇或与神祇有关——被称为“天体崇拜”，现已销声匿迹。

如果你在阅读一本针对业余天文学爱好者的星象指南时读到了水星的可见时间，你可能会同时读到一则风险警告，即避免在太阳位于地平线以上时用双筒望远镜或天文望远镜观察水星。这样做的风险在于，你可能会移动行星和太阳之间的观测视角而不自知，并继续仔细观测。哪怕用肉眼直接看太阳，阳光也会对眼睛造成伤害；更别提观测所用的望远镜会聚焦光和热，对视力的伤害更严重。专业的天文学家之所以能冒险尝试，是因为他们的望远镜处于严格控制之下。虽然这样做会有损他们的设备，但他们的眼睛不会面临风险。假设意外发生并导致设备受损，他们也可以修复设备。

即使只有观测设备处在危险之中，空间科学家仍有一套非常严格的水星观测规定，因为一旦操作失误，其后果将会危及整个任务。最起码修复设备就需要一笔巨款，更糟糕的情况是无法修复设备。因此，无论在何种情况下，科学家都没有使用哈勃空间望远镜观测过水星。哪怕遇到一丁点太阳的热量和光线，它都要退避三舍。否则，其结构可能会因为局部过热而扭曲变形，这可能影响光学器件的校准。即使只有一丁点太阳辐射反射到望远镜内部或通过望远镜的镜面反射并聚焦到电子探测器之类的精密部件上，其结果都是不能承受之伤。

这一切都使水星观测困难重重。因此，在太空时代到来之前，人类对水星的轨道兴趣盎然。和其他行星一样，它的轨道大体上是一个椭圆——被压扁的圆。在画椭圆时，你可以将两枚大头针按在纸上，再把一根细线的两端分别系在这两枚大头针上。用一根铅笔紧贴着细线滑动，使细线始终保持张紧状态，这样在纸上画出来的轨迹就是椭圆。大头针的位置就是椭圆的焦点。在每颗行星的轨道上，太阳都处在其中一个焦点的位置，行星与太阳的距离随轨道而改变。我们用“偏心率”衡量这种变化，其范围在 0 和 1 之间。没有变化意味着轨道实际上为圆形，此时偏心率为 0；当偏心率为 1 时，椭圆最扁。地球轨道的偏心率为 0.017，接近圆形。水星轨道的偏心率为 0.21，是所有行星轨道中最扁的。因此，它与太阳之间的距离变化很大：从 4,600 万千米到 7,000 万千米（约为日地距离的三分之一到二分之一）。

水星的轨道偏心率极大，而且因为它距离太阳很近，受到太阳的引力也很大。其轨道作为一个极端案例，是引力理论测试的不二之选。天文学家可以利用这一理论计算出行星在特定时间里的位置，而一个成功的理论可以做到精确的计算。牛顿的引力理论在众多测试中脱颖而出，很好地描述了行星的轨道。但在解释水星时，牛顿引力理论却微妙诡谲，变得不再精确，虽然程度轻微但已不容忽视。水星每绕太阳公转一周，其轨道的位置都会与牛顿引力理论计算得出的结果略有不同，经过几十年的积累，这种差异显而易见。直到阿尔伯特·爱因斯坦提出广义相对论，这种差异的来由才昭然若揭。

广义相对论是解释引力工作机制的理论。在经过深思熟虑后，爱因斯坦将他的理论汇编在一起，但是因为他无法有理有据地证明理论的正确性，所以他迟迟不愿公开。害羞的水星在短暂地展现自我后，又迅速地匿影藏形，像极了不愿意发表争议性言论来哗众取宠的人，

这让缄默的阿尔伯特·爱因斯坦有了发表理论的信心：他的发现解决了水星悬而未决的轨道问题，这激励着他奋勇前进，披露自己的工作。自此之后，他的研究都成功地经受住了推敲。

水星轨道的观测值与牛顿引力理论计算得出的结果之间存在着差异，这从 19 世纪以来就一直困扰着天文学家。它们存在的差异如下文所述。

和所有行星一样，水星沿着椭圆轨道绕太阳公转。但是这个椭圆并非始终不变。在围绕太阳转动时，椭圆轨道的长轴也略有转动，每百年变化约 1.5 度。水星轨道的转动被称为“水星进动”。

所有行星的轨道都有进动。这主要是受其他行星引力和太阳不是完美球体这一事实的影响。除了水星和金星，牛顿的引力理论可以近乎完美地计算出所有行星的进动率。虽然水星轨道的进动率每百年只发生 43 弧秒的改变，但这一变化仍是行星中最大的（金星的进动率每百年变化 8.3 弧秒）。1 弧秒相当于 1/3,600 度，虽然差异不是特别大，但已明显到不容忽略。

法国天文学家奥本·勒维耶一度认为这种差异是由一颗未知行星对水星的吸引造成的。在职业生涯早期，他成功地解释了天王星轨道的变化。他认为天王星的轨

水星表面，由“信使号”水星探测器上的水星双成像系统绘制，体现了水星的崎岖地形和光谱变化

© NASA/Johns Hopkins University Applied Physics Laboratory/Carnegie Institution of Washington

道受到了一颗未知行星的干扰。这直接导致了海王星的发现（见第 15 章）。他因此试图用同样的方法在水星的轨道内寻找另一颗行星。这颗未知行星简直比水星本体还要难以窥见，但勒维耶并未因不见其踪迹而退却。

若干年里，天文学家们继续寻找这颗未知行星，有时他们猜测它可能正在穿过太阳表面，也就是所谓的“凌日”。这种现象发生时，行星在明亮的太阳圆面上只映衬出一个小小的圆点。1859 年，一名居住在博克地区奥尔热雷（位于巴黎和奥尔良之间）的业余天文学家、乡村医生埃德蒙·莱斯卡尔博声称，他曾观察到一个黑点穿过太阳表面，用时长达 4.5 小时。勒维耶亲自到奥尔热雷询问这名医生。他对医生的真实观测结果甚是满意，并用火神的名字“伏尔甘”（祝融星）给这颗行星命名。

医生表示自己用铅笔在一块记录病人情况的木板上记录了观测结果，为了重复利用，这块木板的表面已经被刨掉了。这番说辞降低了观测结果的可信度。尽管如此，勒维耶仍然在莱斯卡尔博被任命为荣誉军团骑士后赞助了他，一枚骑士勋章系在鲜红色的绶带上，以表彰他在专业活动中的“突出贡献”。一颗新行星的发现自然值得赞誉，发现这颗行星的天文学家当然也是卓尔不群之人。

莱斯卡尔博的发现让他声名鹊起，也激励他以满腔热情投身于天文学。他放弃了医学工作，建了一座带有天文台的房子，以继续他的研究。

然而，在接下来的几年时间里，其他天文学家及勒维耶本人都没能找到证据来证实莱斯卡尔博的说法。他们多次尝试构想这颗行星的轨道并预测它会何时再次穿过太阳圆面，但每次都铩羽而归。因此，祝融星一直备受争议，天文学家对它的兴趣也逐渐消磨殆尽。直到1878年7月29日在北美观测到日全食，美国的天文学家才再一次活跃起来。假如无法通过凌日的阴影来捕捉祝融星的踪影，那么能否通过其反射的阳光看到它呢？后者是观测行星的通用方式，在阳光被月亮遮住时进行观察，可以减少刺眼阳光造成的混淆。

这期间出现了两份乐观的报告，但报告的编制者是两名声誉有问题的天文学家：在怀俄明州的罗林斯观测日食的詹姆斯・沃森和在科罗拉多州的丹佛观测日食的刘易斯・斯威夫特。两名天文学家提出了多种说法，且两个人的说法存在差异和矛盾。其他天文学家对他们的说法嗤之以鼻，并表示从未在观测日食时见过类似新行星的天体，有人甚至戏称寻找勒维耶的“神鸟”是一项徒劳之举。

显然，莱斯卡尔博看到的只是一个太阳黑子；它穿

过太阳时快速移动应该只是他的想象。祝融星消失在科学世界里，重新成为一个传奇。莱斯卡尔博的荣誉军团骑士任命被取消，勋章也不复存在。那时的他想必令人怜悯，年事已高却名誉扫地。他切断了与社区医疗的联系，独自用望远镜度过余生，直到 1894 年去世，享年 80 岁。

那么，既然没有水内行星来干扰水星的轨道，其计算结果与实际位置之间的差异便始终是未解之谜。直到 1915 年，阿尔伯特·爱因斯坦揭开了它的神秘面纱。在广义相对论中，引力是由时空弯曲造成的。行星的轨道不是一个静态的椭圆：即使没有其他行星使它偏离轨道，它也会进动。这是太阳周围时空弯曲的自然结果。

计算出水星进动之后，爱因斯坦解释了相差 43 弧秒的原因。金星的进动较小，这是因为它距离太阳较远，太阳对它不会造成如此大的时空弯曲。

因为广义相对论发展的不仅是一个全新的理论，还包含了一些自相矛盾的概念，比如“时空弯曲”，所以爱因斯坦早在该理论发展之初便意识到它会引起争论。他犹豫着是否要让它进入大众的视线：彼时，这一理论还没有足够的实践支撑，容易受到批评和质疑，甚至是嘲笑。但是，在爱因斯坦公布了广义相对论之后，其引力理论中超越牛顿引力理论的部分能够解释水星轨道长期以来的谜团，这一事实为他赢得了他所需要的支持。

自 1915 年以来，广义相对论一直深受天文学家的信任，水星也一直忠于广义相对论。在描述水星的运动时，它比艾萨克·牛顿的万有引力理论更恰当。年复一年，水星谦虚又耐心地印证着广义相对论的正确性。

1965 年，通过研究雷达接收水星表面反射回来的无线电脉冲，科学家揭示了水星的一个显著特征。在行星反射回来的无线电脉冲中，其无线电频率略有改变。这些信息有助于了解行星的自转速度，进而了解它的自转周期。借助这项技术，科学家发现水星每自转三圈就会绕太阳公转两周——一个水星日等于三分之二个水星年。水星上的一个太阳日（两次日出的间隔时间）通常持续两个水星年或 176 个地球日。

在太阳系行星中，这个特性是独一无二的。再加上水星高度偏心，太阳在水星天空的运行轨迹变得非同寻常。高度偏心意味着水星到太阳的距离变化相当大。在一个水星年中的某一段时间，水星和太阳的距离要比正常情况远 20%，因此太阳看起来会比平常小 20%，运行

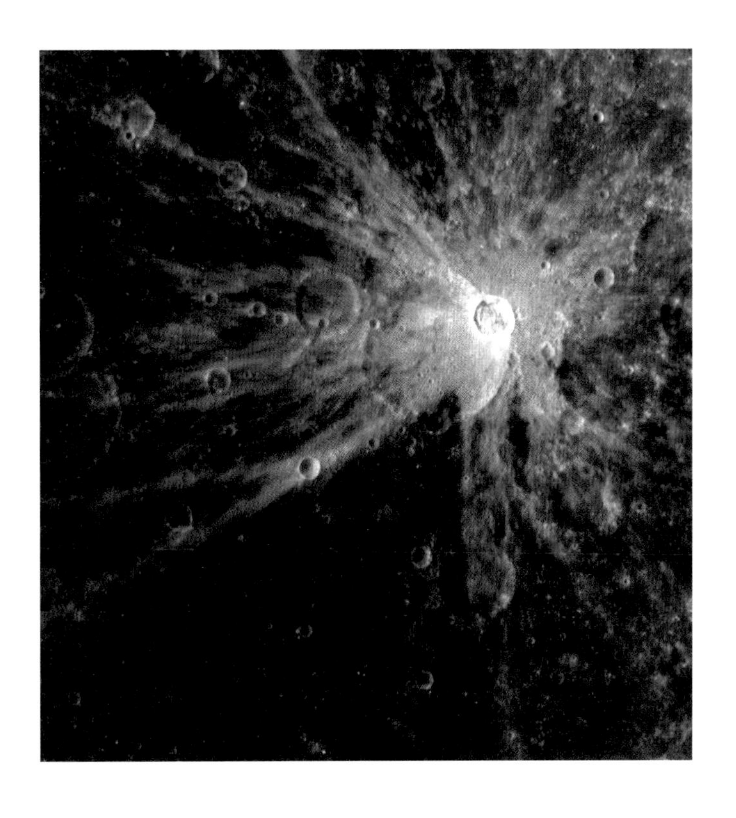

梅纳陨石坑的年轻射线与周围形成鲜明对比，但随着时间的推移，这些射线会逐渐消失

© NASA/JPL

速度也比平常慢 20%。此外，这颗行星在其轨道的运行速度的确比平常慢 17%，更加剧了这种影响。在水星年的下半年，水星会更接近太阳，一切就是另外一番景象了。

因此，太阳的视速度和视大小随着水星日和水星年的变化而变化。从水星表面看，太阳的大小是从地球表面看的 2~3 倍。虽然太阳主要向西移动，但它也可以保持静止，甚至朝反方向移动。在一个水星年里，太阳会在某些时间从某些位置短暂升起，但迅速落下，然后再次升起。

基于以上种种问题，构建供水星居民使用的时钟和日历变得相当困难，而我也从未见过这样的系统；但这并非迫切要求。

受太阳的影响，水星的自转非常缓慢，因此出现了上述这种奇怪的现象。太阳对水星的结构进行潮汐锁定，这样水星的自转和它围绕太阳的公转就趋于同步。潮汐锁定的现象并不罕见，比如行星和它的卫星、恒星和恒星之间都有这种现象。

然而，锁定两个近距离天体公转和自转轨道的同步机制通常为：引潮力让自转周期与公转周期相等。地月系统便是如此。月亮绕地球公转一圈需要一个月，而它绕轴自转一圈的时间也是一个月。水星则非同寻常，因

为它每围绕太阳公转两圈，就会自转三圈。

随着时间的推移，潮汐锁定会不断增强——由于受太阳的潮汐引力影响而减慢了速度，水星过去的自转速度比现在快得多。在探索水星被潮汐锁定的方式为何与众不同时，天文学家有了出乎意料的发现：两个天体在孕育之初的某些偶然形态特征会决定潮汐锁定的方式。如果太阳系诞生之初的情形有所不同，我们的月球也许不会被潮汐锁定永远面向地球，我们或许可以看见它的整个表面。

我们对水星的探索相当有限，迄今只有两个太空探测器曾造访过水星。水星距离太阳过近，这种高温会给飞船带来危险；太阳粒子风暴则很可能击毁飞船，包括核辐射的直接影响和带电粒子引发的电火花。进入水星轨道的过程颇为棘手，从地球发射的探测器必须先加速才能到达水星并与之保持同步，但随后进入水星轨道还要刹车减速。这个过程耗费的燃料需要随身携带，占用了探测器上为数不多的空间。

面对重重困难，水星的大部分奥秘直到 20 世纪 70

年代才被揭开。即使是现在，水星也是人类所知最少的行星之一。科学家发现了一种可以将探测器送到水星的经济方式，打破了这个困境。奇迹的缔造者正是来自意大利帕多瓦的科学家朱塞佩·科隆博，也就是大家熟知的“贝比”。他绘制出可能的复杂轨道，这样探测器就可以通过金星和其他行星，在恰当的时刻以恰当的方式抵达水星；帮助探测器加速和减速并到达正确位置的，不是火箭燃料，而是它们的引力。

“水手 10 号”利用“引力弹弓”技术，在 20 世纪 70 年代 3 次绕轨飞掠（“飞掠”指航天器飞近某行星进行观察的航天任务，它不会进入重复轨道或着陆）水星，成为首个探测水星的探测器。遗憾的是，尽管“水手 10 号”成功地绕着既定轨道三顾水星，但水星每次都以同一面迎接访客，因此太空飞船只绘制了水星一半的表面。

第二个探测器取名为“信使号”（Messenger），这既是为了致敬墨丘利（即水星）在诸神中的地位，也是“水星表面、太空环境、地球化学和广泛探索”的英文首字母缩写（MErcury Surface, Space ENvironment, GEochemistry and Ranging）。“信使号”在引力的助推下飞行了 6 年，直到 2011 年才成功进入水星轨道。在燃料耗尽后，它于 2015 年坠毁在水星表面，但此前它已经能够绘制出几乎

整个水星表面的地图。2018 年发射的探测器取名为“贝比科隆博号”（旨在纪念这位意大利科学家），如果一切进展顺利，它将于 2024 年至 2025 年执行为期一年或两年的水星探测任务。

水星的大小介于卫星与行星之间：它只比月球大三分之一，是地球大小的三分之一。它是太阳系最小的行星，它的引力亦很小。它是庞大太阳身边的小小行星。最明显的现象是，太阳热量倾泻到水星表面，造就了铄石流金的水星，结果导致水星失去了所有原始大气层。但从那以后，水星倒也利用从太阳那里捕获到的氢和氦重新形成了一些大气。而太阳风又从它的表面刮走了少数原子，因此水星的大气层非常稀薄。

尽管水星的磁场很弱，但它依旧能抵御太阳风的冲击。一如地球的磁场保护了地球表面和大气层，水星的磁场也在尝试自我保护。但当太阳特别活跃时，水星的磁场也无法偏转太阳风粒子。在“太阳黑子极大期”，大量的黑子会像恶霸挥着螺旋桨般的双臂，残酷地攻击水星。此时的太阳风足以吹垮水星的磁场，轰击水星表面。

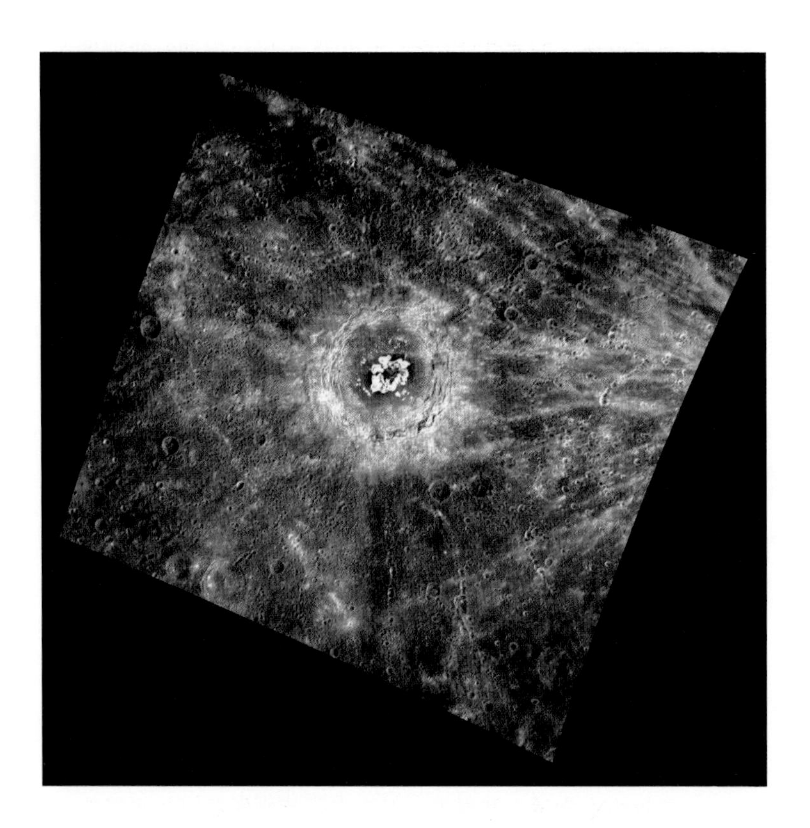

埃米内斯库陨石坑，其边缘有一圈明亮物质
© NASA/Johns Hopkins University Applied Physics Laboratory/Carnegie Institution of Washington

因为水星的大气层稀薄到近乎为零，所以水星表面的温度无法保持平衡。表面温度从两极地区的−183℃到赤道地区的427℃不等。夜幕降临，光秃秃的岩石表面的热量迅速消散，温度低至−200℃。由于水星和太阳的距离随着高度偏心的轨道不断发生变化，照射在水星表面的阳光和太阳热量的变化超过了原来的两倍，因此在一天的某一特定时刻，不同纬度的温度变化也很大。

铅和锡等普通金属在水星的赤道上都会熔化，塑料则会熔化或分解。毫无疑问，这对带有塑料涂层部件和焊丝的电气设备来说是致命一击，除非采取措施来缓解该问题——但迄今为止仍未找到任何行之有效的解决办法。甚至绕水星飞行的航天器（轨道飞行器）也很难承受太阳的热量，尽管它们能够调整运行方向，从而避免阳光的直射。即使航天器可以在水星表面着陆（着陆器）或漫游（探测车），它们也无法进行任何操作。

水星大气层在偶然情况下拥有了水蒸气。这主要与彗星撞击有关。彗星主要由融化的冰水组成，当它撞击水星表面时便会蒸发。因此水蒸气短暂地覆盖了整个水星表面。水星两极陨石坑的底部从未被阳光直接照射，所以虽然白天水星表面的温度极高，但陨石坑是个例外。

陨石坑底部的温度不会超过−160℃。这儿的温度是如此之低，以至于来自彗星的水蒸气在此凝结成几米厚的结冰带，并无限期地冰封。最初，冰块是被反射雷达脉冲探测到的，“信使号”探测器在2008年确认了结冰带的存在。科学家惊讶地发现，在距离太阳最近且温度最高的行星上，水居然能以冰的形式存在。这让科学家始料未及。

和月球一样，水星表面坑坑洼洼。如果通过绝缘良好的着陆舱观看水星景观，不管是勇敢的宇航员本人所见，还是远程摄像机传回的画面，都将与阿波罗号宇航员当年的描述相似（见第5章）。水星上布满了大大小小的陨石坑，最大的是卡路里盆地，直径达1,300千米，类似“月海”——用肉眼或借助双筒望远镜能观察到的月球表面的灰色圆斑。类似月球表面的巨大陨石坑，卡路里盆地平坦的底部是熔岩平原，被一座高达2,000米的环形山包围。它位于水星的赤道上，那里的阳光最强烈，是水星上最热的地方。卡路里盆地的字面意思就是“酷热的平原”。

卡路里盆地的直径超过 250 千米，由一个直径约 100 千米的小行星撞击形成。与撞击地球并导致恐龙灭绝的小行星直径相比，这颗小行星的直径要大 10 倍。撞击引发的地震波横扫了水星表面，引起的“水星地震”导致了对跖点周围的岩石混乱不堪。由此形成的大面积丘陵沟壑地形被称为“怪异地形”。地震波从水星远端反射回来，整个水星都充斥着地震的声音，在几小时甚至几天内像铃铛一样作响。能量脉冲击碎了水星表面，大量熔岩喷涌而出。撞击触发了水星上的火山活动，熔岩漫流到附近广大地区，导致了熔岩平原的形成，这与丘陵地形形成了对比。撞击震动了水星的山脉，发生了山体滑坡。卡路里盆地的撞击事件对水星造成了严重的后果。撞击的小行星震动了水星的内核。如果小行星再大一点，全宇宙都会为之震动。

小行星轰击水星可能发生在两个时期。第一次是在太阳系形成后的混乱时期，也就是行星的形成阶段。星子或潜在的行星吸引并聚集了小碎块，即形成原太阳过程中产生的废弃物质——这些物质在太阳诞生后从中分离出来——所以，当时的太阳系充满了各种大小的碎块。

有些碎块组合形成小行星。但还有很多小碎块被遗留下来，组合成了小卵石或岩石碎块。这些碎块仍以环绕太阳系的岩石形态存在。这些原始的岩石是一种被称为“球粒陨石”的特殊流星，时不时落在地球上。根据岩石中的放射性衰变产物，可以测定其年龄有45.68亿年。在固化过程中，放射性元素及其产物积聚在岩石中，其衰变速度可以通过实验准确测定。天文学家认为，岩石积聚的那一刻便是太阳系诞生的时刻。在漫漫历史长河里，能够知晓这一确切日期是十分了不起的成就。

在水星受到第一次撞击时，这些岩石碎块和小行星的撞击产生了大小不一的各种陨石坑。相比之下，第二次撞击时期出现了数量不成比例的大型小行星，更小的那些要么已消耗殆尽，要么组合形成了大型小行星，因此撞击形成的陨石坑整体上更大。第二个时期被称为“晚期重轰击”。

晚期重轰击发生在约39亿年前，大约在太阳系诞生6亿年后。推断这个年龄并非借助水星，而是通过从月球收集到的岩石年龄辨认出来的。这些岩石的来源有三。

20世纪70年代，苏联“月球”计划的三个无人探测器取到了大约300克月球土壤。小探测器被送往月球，降落在月球表面。它们利用机械臂挖取土壤并装在一枚小型火箭上，将火箭发射回地球，随后降落到俄罗斯大草原上。

大约在同一时期，阿波罗号的宇航员利用钳子和铲

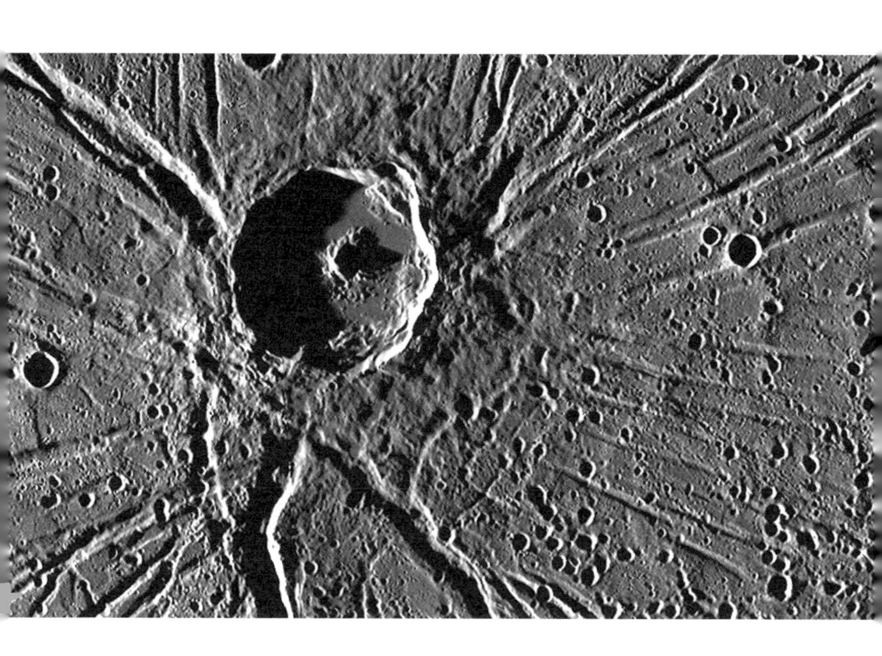

被万神殿坑的放射状槽包围的阿波罗多鲁斯陨石坑

子将大约半吨月球岩石装袋编号，打包放进类似手提箱的铝制容器，然后亲自护送它们返回了美国。

在陨石中还发现了其他月球岩石。至今已发现300个因小行星撞击落到地球上的月球碎块。

最古老的月球岩石采集于月球高地，即月球上比较明亮的区域。从低地（月海）采集的岩石大概集中出现在40亿年到38.5亿年前。这是它们最后一次凝固成形。由此看来，39亿年前的月球地壳曾经历过酷热。格伦维尔·特纳领导的谢菲尔德大学天文学家小组在1974年到1976年间发现了这一现象。他们认为，45亿年前月球熔岩第一次凝固之后，小行星自40亿年前开始了长达2亿年的对月球表面的猛烈撞击，导致其再一次发生熔化。谢菲尔德小组将这次事件称为“月球大灾难”——“晚期重轰击”的早期名称。

撞击发生的原因依旧无解。或许是两颗大型小行星或行星之间有过一次大碰撞，造成大量碎块（包括一些特别大的碎块）喷射到太阳系中，撞向与之交臂而过的天体。另一种可能性是，木星和土星这两颗巨行星的运动打破了此前小行星和谐的轨道，使其四处散落。根据著名的大航向假说，当巨行星还处于围绕太阳系诞生同期产生的原初气体盘时，木星在气体的影响下离太阳

越来越近。如果不受干扰，这次行星迁移会将木星拽向离太阳更近的轨道，太阳系与许多新发现的系外行星系统本可以成为同道中人。许多系外行星系统都有所谓的“热木星”——可能形成于行星系统远端并向内迁移的气态巨行星。随着气体物质的蒸发和消散，它们的温度要远高于以前。木星逆水行舟，改变航线，避免了相同的命运并回到了更远的轨道（见第 9 章）。在此过程中，碎块和小行星四散开来，岩石碎块撞向水星，也撞向地球和月球。

有关晚期重轰击的第三个设想从许多方面来看都颇为有趣，即天文学家所熟悉的“尼斯模拟”。这个理论对行星历史的几个秘密做出了可能的解释，因此颇受欢迎——一个理论，多个解释，既有力又经济！

2005 年，亚历山德罗·莫比德利领导的一个国际数学家小组在法国尼斯的蓝色海岸天文台完成了这项工作，因此该设想得名“尼斯模拟”。根据尼斯模拟，太阳系头 10 亿年发生的事情，就像一群活蹦乱跳的孩子在玩星际台球或撞球游戏。

天文学家对太阳系中的行星在形成之初的相互作用进行了大量计算，尼斯模拟就是其中之一。由于“混沌理论”的限制（见第 1 章），要确切了解遥远过去发生的事情是不可能的。因此，我们无法知晓远古行星的确切生活地点。它们年轻时期的秘密将永久封存。

我们能做的就是进行模拟：对大量可能的情形、不同角度的假设、从最细微到最明显的太阳系结构变化进行计算，例如行星的数量。如此一来，天文学家可以判断哪些模拟与已知信息最匹配。在大量计算中反复出现的特征就是模拟中更可信的特征。它们被认为接近实际发生的事情。所有这些计算结果的尝试都被称为尼斯模拟。

在某个时间里，形成太阳的星际云物质中除了固体物质，其他几乎都被吹出了太阳系，这就是尼斯模拟的入手处。这些固体团块围绕太阳运行，类似今天的行星、彗星和小行星，但是它们的数量更多且无处不在。形成行星的固体物质被称为星子，这个过程产生的星子数不胜数，它们游走于行星之间。那时的行星包括我们今天所知的四颗外侧巨行星（木星、土星、天王星和海王星），还有至少六颗位于内侧的“类地行星”，多于我们今天所知的四颗（水星、金星、地球和火星）。那时的巨行星已经很接近它们现在的轨道；但当时有可能存在五颗甚至六颗巨行星，而非仅仅四颗。

根据尼斯模拟，星子之间、单个星子和较大的行星

之间偶尔会发生近距离的碰撞。有些星子从太阳系中喷射而出，也许是绝大多数——它们构成了现在的星际小行星，是永远在寒冷黑暗的太空中遨游的小世界，远离太阳光和温暖，成了迷失在星系之间的遗孤。

其他行星系统也可能发生同样的事情。也许在未来某个时候，它们中的一颗行星会突然出现在星际空间并快速穿越太阳系。这种现象也有可能已经发生了。有些小行星的轨道是逆行的，天文学家推测它们可能是从太空中捕获的。在 2017 年，夏威夷的泛星望远镜发现了一颗小行星以异常快的速度坠入太阳系。

有一种假说认为，这个偏离轨道的物体是一颗彗星，但它没有彗发或彗尾。经证实，它的长度和厚薄都不同寻常，其亮度会随着旋转而变化。当一端指向地球时，它看起来更暗，面积也更小；而当其侧面面对地球时，它又会变亮。另一种假说认为这是一颗星际小行星，受太阳的吸引进入太阳系。

第三种猜想认为，因为它薄且长，所以它是一艘星际飞船。虽然这种猜想有点异想天开，但其轨道并非完全受引力控制这一发现增加了这种猜想的可信度——它可能有来自某种推进装置的外力作用。一些天文学家则辩称这个天体实际上是某种彗星，它的高速并非因为其

范艾克陨石坑
© NASA

星际起源，而是因为其逆向的气源动力造成的火箭效应在推动它前进。一位天文学家认为它带有所谓的“太阳帆”。这是一种由地面空间工程师设想的装置，利用太阳或恒星的光照射到一张大型反射帆上产生推力作为动力。也许外星人已经建造了这样一个装置来驱动飞船，对包括太阳系在内的行星系统进行访问和探索。

不管这个牵强附会的猜想可信度如何，这个天外来客已经返回太空，且不会悄然造访地球。已经有类似的星际访客进入太阳系，伪装成小行星定居下来。而这个天体是人类观测到的首个天外来客，好似在大风中没能进港的快速驶过的帆船。它的名字反映了一种信念，即它源于星际：夏威夷的泛星望远镜中心向当地社区征求意见，这个天体被命名为“奥陌陌”，在夏威夷语中的意思是“首位远方信使”。

奥陌陌到达最接近太阳的地方，随后快速掠过地球，当时距离地球 2,400 万千米。这大约是地月距离的 60 倍——在宇宙尺度上压根不值一提。如果未来的星际访客体形庞大，它可能会在太阳系横冲直撞，扰乱行星的轨道，其影响的大小取决于其轨道与地球的距离，后果难以预料。

✦

当星子从太阳系喷射而出时，它们对太阳系其他的行星造成了一个小小的后冲。巨行星逐渐向太阳移动。几千万年或几亿年后，木星和土星这两颗最内层的巨行星发生了共振，木星和土星的轨道运行时间完全一致。木星和土星的共振被称为“2∶1 共振”。这导致两颗行星对其他行星、太阳系无数小天体和行星形成过程中残余的碎块造成了深度影响。这种影响源自“共振”的本质。

父母推孩子荡秋千就是共振的一个示例。在家长的推动下，孩子荡起了秋千，且越荡越远。当秋千上的孩子往回荡的时候，家长又会把他推出去，如此反复。秋千摆动的幅度越来越大，孩子得偿所愿。家长不一定要推动每一次的回荡。如果父母以 2∶1 共振交替推动孩子，效果也是一样的。诀窍就是每次微小的推动都要发生在秋千周期的同一点上。两颗行星共振同样会产生一个引力场，会反复产生同样的效果，这会对附近的第三颗行星产生重大的扰动。

木星和土星在模拟开始的时候就几乎是共振的。随着星子的随机抛射，它们逐渐接近共振，然后达到共振状态。随之增大的引力场影响了其他行星。其中有一些

行星被喷射到太空中。结果导致类地行星（靠近太阳的岩质行星）只剩下四颗，也就是我们今天所知的四颗（水星、金星、地球、火星）。

彼时，地球面临着一个有悖事实的未来，它会变成一颗星际行星，像一只孤独的土狼在冰冷空旷的草原上游荡。这并未发生在我们的星球上，却有可能发生在地球的前任邻居身上。假设太阳系曾经拥有过超级地球，或许这就是曾经发生在它身上的事情。

任何能将地球逐出太阳系的事情都没有发生。然而，在太阳系发展的混乱时期，地球的轨道来回接近和远离太阳。我们的星球最后落在太阳系的宜居带，地球上的生命才得以繁衍，这一切全凭运气。

太阳系的其他部分也受到了影响。在木星和土星的巨大影响下，小行星被拽出原先的轨道。一些小行星闯入秩序更加井然的行星轨道中，尤其是像水星这样靠近太阳的行星，随后落在它们的表面。小行星撞击行星表面，形成了陨石坑——或许这就是晚期重轰击发生的原因。

当然，如果水星经历了晚期重轰击，地球和月球也

无法幸免。这一事件造成月球表面出现了约1,700个直径超过20千米的陨石坑，数量10倍于地球表面的陨石坑——有些直径达1,000千米。虽然39亿年来的气候变化已经把地球上的陨石坑侵蚀殆尽，但是格陵兰岛和加拿大的深层沉积物表明晚期重轰击袭击了当时的地球。地外起源的物质和地球起源的物质有着不同的组成。陨星物质中的某些化学元素比地壳物质更为丰富。另一差异是物质的同位素组成。同位素是化学元素核成分的变体，不同同位素的比例反映了形成物质的化学过程。格陵兰岛和加拿大发现的39亿年前的沉积物是晚期重轰击时期落到地球上的，其组成表明它们的陨星物质含量要高于正常水平。

地球生命的化石记录似乎也始于39亿年前，这个发现同样举足轻重——如果生命在此前就已经进化了，那么晚期重轰击有可能使其严重退化，并导致早期痕迹荡然无存。另一种解释是，晚期重轰击后期将小行星上大量的水分和有机分子带到地球表面，轰击使水温升高，引发了生命的进化。这就是查尔斯·达尔文指出的那个地球历史时期，他（在1871年）写道："（最初的生命体有可能是在）一个温暖的小池塘……经过一系列复杂的化学反应后，蛋白质合成物出现了，它们开始经历若干

更复杂的变化……”他笔下的“小池塘”是原始地球上的海洋，小行星和彗星将海水和有机化合物带到地球上，而轰击和地热能使其变暖。

原来，水星秘史是探索地球秘史和生命奥秘的线索，这一切就写在它布满陨石坑的脸上。

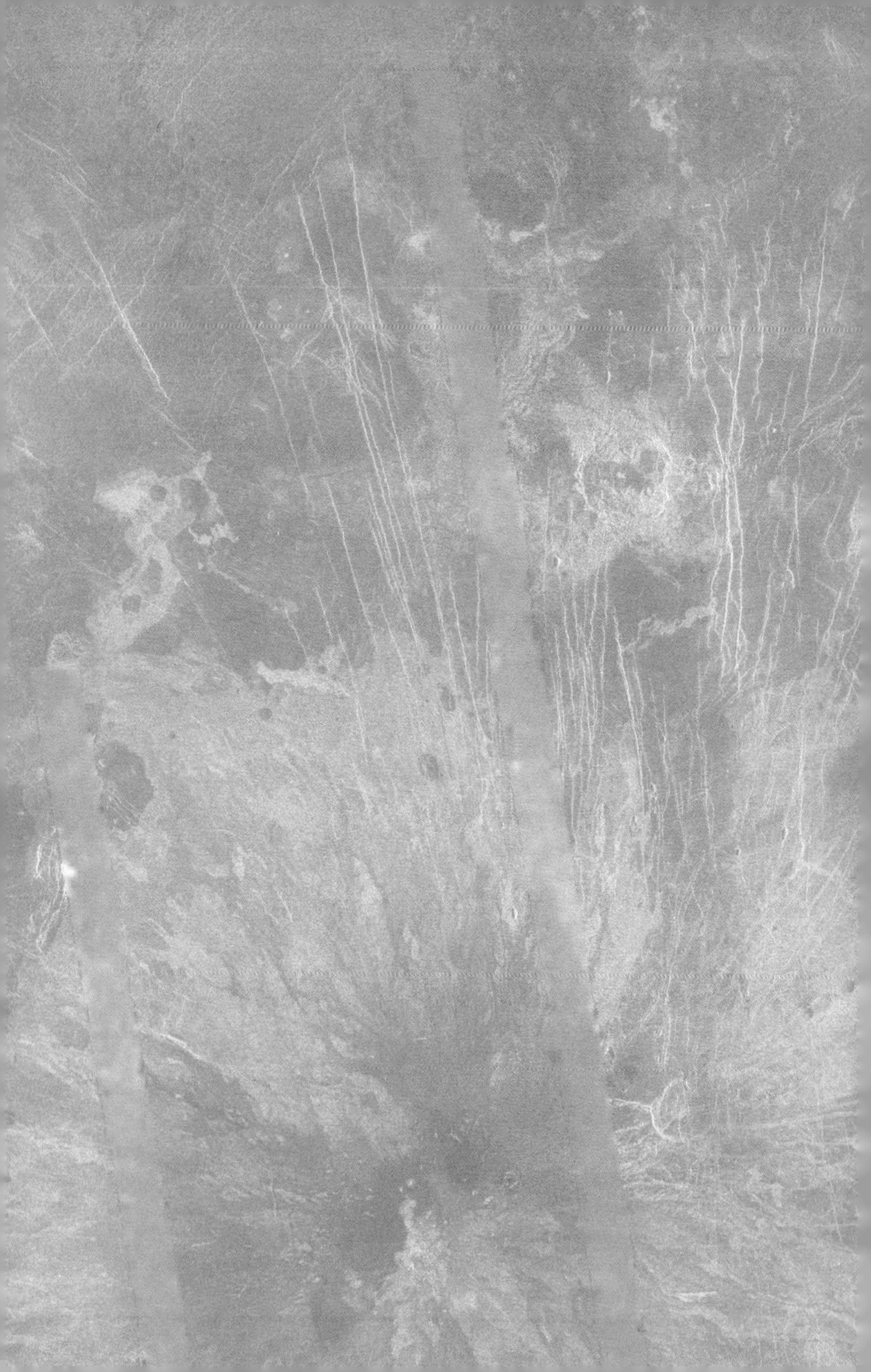

# 第 3 章

# 金星

## 美丽面纱下的丑陋面孔

- **科学分类**：类地行星
- **距离太阳**：1.082 亿千米，是日地距离的 0.72 倍
- **直径**：12,104 千米，是地球直径的 0.949 倍
- **公转周期**：225 天
- **自转周期**：243 天
- **平均表面温度**：464℃
- **秘密愿望**：“我的双胞胎星球正在经历气候变化，希望不要和我经历过的一样极端。”

维纳斯女神是美的化身，鲜有星球的天空可以与金星的壮丽景色相媲美。在橘红色夕阳的映衬下，昏星耀眼皎洁；而在深紫色的日光渐暗时分，金星的纯净颜色和明亮光芒真真切切。

和水星一样，金星的环日轨道位于地球环日轨道之内，所以它在绕太阳公转时会交替出现在太阳两侧，完成一个会合周期需要 584 天。因此，大约每隔一年半，在长达几周的时间内，金星会作为昏星出现。和水星一样，金星在古代拥有两个名字，就像两颗独立的行星。

黄昏时分的它是赫斯珀洛斯或维斯珀耳[①]，而到了清晨就变成了福斯福洛斯或路西法。后来，古希腊科学界恍然大悟，意识到它们其实是同一颗行星。

清晨与黄昏的金星一样美丽；事实上，黎明破晓前那神奇清冷的半小时里，清澈而平静的空气为刚露脸的金星添上一份纯净，让它更加特别。天寒地冻，我在位于山顶的天文台观察了一夜，如果能在离开之际看到黎明时分的金星，我的内心会振奋到忘记疲惫。

金星在星空中的亮度仅次于太阳和月亮，偶尔也次于爆发星（超新星）。除去这三种情况，只有国际空间站的反光能匹敌金星；反光最强烈时的国际空间站在划过天空的短暂过程中，其亮度竟盖过了金星的自然之光，这多少让我心生几分难过。

因此，金星是最亮的行星。原因有四，前三个原因分别是它的体积很大、距离太阳很近、距离地球也很近：它截获大量太阳光，并且因为距离地球很近，反射的太

① 在中国古代，黄昏时分的金星被称为“长庚星”或“昏星”，清晨则被称为“晨星”或“启明星”。

2019 年 1 月 31 日，金星和残月从盐湖城附近的瓦萨奇山脉升起
© NASA/Bill Dunford

阳光到达地球时也很强。第四个原因是它反射了大量太阳光。因为金星被云层完全覆盖，所以落在它表面的阳光有四分之三被云层反射出去。平均反射率是其他行星的好几倍。然而，被云层覆盖的金星犹如戴着面纱的维纳斯，云层遮住了它表面伤痕累累的丑陋真相。

我还记得，学生时代的我是个业余天文学家，拿着自制的小望远镜，夜复一夜地认真观察金星，希望略窥一二它的秘密。它看起来就像一颗侧面被照亮的台球。我竭力想要透过云层看到那只存在于想象中的表面。有些人偶尔可以用望远镜观察到金星表面微弱的阴影，但我唯一观察到的特征是金星亮面和暗面之间的边界有细微的不规则。我了解到，这些是不同高度的云投射下来的阴影。知道这个神秘星球的小秘密让我欣喜若狂。尽管不如看见其表面那样激动人心，我还是想飞过高耸的云端，置身星空，看看隐藏在云层之下的金星表面。大概是受到了这些想法的激励，我才成了一名天文学家，尽管当时我遭到同学的嘲笑，他们不理解我为何如此痴迷于这个白色球体。

虽然那时我的望远镜具有现代透镜的优点，但也只

略优于 1610 年意大利物理学家伽利略 · 伽利雷用来观测金星的那一架。他观测到的，我也观测到了。伽利略的望远镜以任何现代标准来衡量都称得上简陋，小小的镜头也不精细，架在摇摇欲坠的台座上。尽管如此，望远镜的聚光能力和放大率还是弥补了人眼的限制。伽利略的两架望远镜仍保存在佛罗伦萨的一家博物馆里，其中一架的镜头被美第奇家族的工作人员不小心打碎，现在保存在一个华丽的乳白色陈列柜里。适应黑暗环境的人眼瞳孔直径通常为 6 毫米，而这种镜头的口径为 40~50 毫米，能放大 15~20 倍。因此伽利略观察到的东西比前人要多得多。

伽利略观察到金星在远日点呈半月形，亮面朝向太阳。然而，当金星朝太阳移动时，其形状要么接近一个圆形的玉盘，要么缩小成一弯细细的新月，这取决于它是从太阳背面穿过，还是从太阳面前穿过。这一发现让金星稳居科学史的重要地位。

伽利略发布了一个拉丁文字谜，他从帕多瓦把这个字谜寄给了布拉格的天文学同行开普勒。字谜在整个科学界传开了。这个字谜的字面意思是“我正在观察一些不为人知的东西”（Haec immatura a me iam frustra leguntur o. y.，末尾的 o、y 两个字母不构成字谜）。这些字母可以重新排

列为“爱神的母亲效仿狄安娜的位相”[①]，也就是“金星模仿月球之相”。

在 17 世纪，用字谜公开发现的做法不足为奇，这有助于确定一项发现的优先次序。在新闻传播速度缓慢的年代，字谜慢慢地从一个人传到另一个人。当出谜者公布答案时，每个人都会知道发现者是何方神圣。

在观察金星位相的同时，伽利略发现了哥白尼在 1543 年提到的一些东西，他曾在一本关于太阳系模型的书中提到行星绕着太阳转——太阳系的日心说。他指出，金星的视大小应该随其距离地球的远近而变化。它离地球最远时（位于太阳背面）的距离是离地球最近时（位于地球和太阳之间）的 4 倍。伽利略发现，金星的大小的确会随着位置的变化而变化——在露出全貌时最小，呈月牙形时最大。

伽利略发现金星位相的意义在于，它表明金星在一个比地球公转轨道更小的轨道上绕太阳公转。当金星距离地球最远时，它朝向太阳和地球，此时完全被照亮的表面犹如一轮满月，而且它看起来最小。相比之下，当金星位于地球和太阳之间时，其亮面朝向太阳，暗面朝

---

① 爱神的母亲指金星，狄安娜是月神。

向地球，所以它看起来是一个又大又薄的月牙形。这与哥白尼的推测不谋而合。伽利略印证了哥白尼的太阳系模型。他的观测结果与早期的太阳系地心说模型并不相符。这一理论认为，金星在一个比太阳绕地球的轨道更小的圆形轨道上绕地球运行。如果情况如此，那么金星将一直保持相同大小。

伽利略料到他的发现会遭到某些人的贬低。1611 年的第一天，他公布了金星字谜的解答并做出解释，金星的位相意味着它必须绕太阳公转：

> ……我、毕达哥拉斯学派、哥白尼学派和开普勒学派的确相信一些至今仍未证实的假说。因此，虽然多数停留在书本的哲学家认为我们在出丑，嘲笑我们是一群缺乏理解和常识的人，但是开普勒和其他哥白尼学派会以其成功理论为荣。

伽利略不幸言中其观点会引发争论。他被宗教裁判所传讯，因讲授与《圣经》相左的观点被审判并被贴上异教徒的标签。他被要求撤回和禁止谈论任何与其发现相关的事情。他被软禁在家，直至 1642 年去世。后来的发现证明他是正确的，金星保住了自己在科学史上的重要地位。

熔岩自金星上 8,000 米高的玛阿特火山底部绵延数百千米
© NASA/JPL

✶

金星的位相并不是这颗行星与生俱来的：它们是金星轨道及其与日地之间相对位置的结果。金星的本质是什么？由于这片连绵不断的密云，人类在20世纪以前对它知之甚少。天文学家因此尽情想象它在云层之下的表面。金星的大小和地球差不多，被视为地球的双胞胎。金星显然拥有大气层。它和太阳的距离是日地距离的72%，相较于地球，它离太阳更近，温度更高；而且，按照金星云和地球云一样由水滴构成的假设，我们认为其气候是潮湿的。因此，历史上有许多天文学家认为金星是太阳系中除地球外最有可能孕育生命的行星。综合来看，这种气候与地球上炎热地带的气候有相似之处，因此金星上栖息的动物也应该有相似之处。1686年，法国作家伯纳德·勒·德·丰特奈尔出版了《关于宇宙多样化的对话》一书。阿芙拉·贝恩于1700年翻译了这本书，她作为英国最早的女性作家和剧作家之一，引导人类从当时自命不凡的种族成见中跳出来，开始思考其他可能的生命存在：

> 由于更接近太阳，它接收到更明亮的光线和更活跃的热量，气候也受其影响……金星上的栖息者

> 都是黝黑的小绅士，他们爱火永不灭，充满活力和热情，惯于作诗，热爱音乐，每天都要举办宴会、大型正式舞会和化装舞会来招待情人。

事实证明，这段类似地球的描述与事实相去甚远。金星纯白的云端之下其实隐藏着一个黑暗的秘密。藏起来的丑陋面孔和凶恶性情，让人很难甚至无法想象生命迹象的存在。金星表面被贫瘠、鳞状和黑色的火山岩石覆盖，它们由无数火山喷发的熔岩冷却凝固而成。金星的大气密度很高——其表面的大气压强是地球的 90 倍，相当于海洋深处 1 千米的压强。潜艇能够下潜的深度也大概如此，尽管专门建造的调查船和救援船可以潜得更深。金星的大气主要由二氧化碳组成，并含有氮气，以及少量的硫酸、氯化氢和氟化氢。这些成分酸化成酸雨落在金星表面，航天器等机器在金星表面着陆必死无疑。暗淡的阳光从上方透过浓厚的硫酸云层，在表面投射出一种瘆人的黄色。

在太空时代之前，人类对金星表面的细节知之甚少，只知道大气的整体组成、密度——至于温度，只知道它对金星上的生命是致命的。1956 年，美国海军研究实验室的先驱射电天文学家康奈尔·梅耶和同事收集了金星的微波观测数据——波长较长的辐射来自大气层深处。他们发现金星的表面温度远高于地球，足以将铅熔化。

1962 年，美国“水手 2 号”探测器飞掠金星，成为第一个造访金星的访客。原本打算用来发射“水手 2 号”的新型火箭发动机在研发中出了意外，因此不得不使用旧有型号的备用发动机。它的质量和承载能力都更小。结果，“水手 2 号”上的装备比原计划减少许多。但不可否认的是，这次任务空前成功。6 年前的射电调查曾远程探测过金星大气层，可结果并不完全正确。“水手 2 号”近距离探测金星的重大科研结果表明，其表面温度的确极高，超过了 400℃。

20 世纪 60 和 70 年代美国又陆续发射了一系列“水手号”探测器。但是，直到苏联发射了一系列深入云层的探测器，人类才对金星表面的性质有了更详细的了解。根据 1962 年肯尼迪总统发起的“我们选择登月”挑战，美国国家航空航天局在 20 世纪 60 年代聚焦于阿波罗登月计划。与此同时，苏联把目光投向了距离地球最近的行星——金星和火星。1967 年，苏联先驱太空工程师谢尔盖・科罗廖夫初步设计的“金星号”探测器开始了对金星的科学探索。和“水手 2 号”一样，早期的“金星号”是遥感飞行。紧随其后的是一些利用降落伞进入金星大

气层的航天器，它们可以在探测器降落的一小时内直接对行星特性进行估量。这些探测器要承受速度高达每小时 200 英里（约 322 千米）的强风冲击。金星大气层的自转速度远快于行星本身的自转速度，与固态行星形成了对比。这颗行星逆向自转一周需要 243 天，而在赤道上空的大气层自转一周只需 4 天。

苏联太空计划的“金星号”探测器是唯一成功着陆金星表面的太空飞船。空间科学研究所拉沃金协会与一家名字颇为接近的生产军用飞机的苏联航空公司共同制造了这些探测器。在一次访问中，他们带我参观了一座私人博物馆，里面收藏着苏联时代太空计划的设备。这些“月球计划”时期的太空舱形似炮弹，让我肃然起敬。这就是那个发射到月球的着陆器，是它将月球土壤打包并发射回苏联。它燃烧自己，在大气层中急速下降，降落在俄罗斯大草原，浑身呈焦黑色，凹损严重。但是，异常坚固的它保持紧闭状态，运送回来的小货物未受污染，科学家得以对月球土壤进行分析。“金星号”着陆器（我看到的是备件——原型仍在金星上）外形非常粗犷，牢固地铆接在一起。它们让我想起了铁路设备，而非太空飞船。制造降落伞的工程师们充分考虑了跳伞时的恶劣条件，包括极高的压强。

金星穿越太阳表面
© NASA/SDO

1970 年发射的“金星 7 号”是第一个在其他行星表面着陆的探测器。它在下降到金星的过程中出现了故障，速度远远高于预期。好似一场严重的交通事故，探测器以惊人的速度撞向金星表面，导致设备损坏。但是由于着陆器很强大，它不至于毁于一旦。探测器翻倒在表面，装有无线电天线的一侧偏离了地球。尽管如此，微弱的无线电信号还是提供了 20 分钟的金星表面情况。第一个在金星表面成功着陆的探测器是同一系列（1972—1984 年）的“金星 8 号”。通常情况下，着陆器每次只能在金星表面存活 1 小时，随后高温和大气条件会导致设备失灵。

这些任务显示，虽然金星厚厚的云层并未完全延伸到表面，但终究阻挡了观测视野。着陆器只能看到 3~5 千米远的山峰。着陆器的脚下可见碎裂和分散的黑色火山岩碎片。

利用观测太阳光的方法来探测金星有很大的局限性。但雷达可以穿透云层，这为未来探索金星奠定了基础。在经历了一些早期的试验调查后，两个“金星号”（1983 年发射的“金星 15 号”和“金星 16 号”）任务取得了重大进展，它们装备的雷达系统可提供良好的覆盖范围，空间分辨率约为 1 千米，高度分辨率约为 50 米。这些飞行任务在金星上发现了可识别的火山特征和新的火山种类。其中包括地球上的典型种类：盾状火山和无数的火山锥。但也有一些结构是地球没有的，例如呈巨大圆形的“日冕”结构，此前一直被误认为是充满熔岩的陨石坑。还有形似蜘蛛的“蛛网膜地形”，收缩的熔岩穹丘包围着形似蜘蛛腿的放射状裂缝。这两个结构标志了地表下固定热点的位置，它们在金星的地壳中产生火山气泡。金星没有可移动的板块构造，因此发生了碰撞。金星上的火山星罗棋布，不像地球上的环太平洋火山带那样排列成行。

1989 年，美国国家航空航天局执行了 11 年来的首次星际任务，一个探测器随航天飞机发射，于 1990 年到达金星，在围绕金星的轨道上运行了 4 年，这项非凡的任务突破了人类对金星表面的认识。它就是以绘制地球地图的探险家命名的“麦哲伦号”金星探测器。“麦哲伦号”的主体（即“巴士”）都是用此前任务遗留下来的备件巧妙组装起来的，成本投入低。“巴士”装载的雷达可以对金星进行雷达绘图。在苏联“金星号”任务的挑战下，美国国家航空航天局将分辨率从原计划的 600 米升级到 100 米，因此“麦哲伦号”能够记录下小到一个足球场那么大的细节。“麦哲伦号”不是沿赤道环绕金星飞行，而是从金星北极上方一路向下到达南极，每 3 小时

飞行一圈。当行星在其下旋转时，轨道平面在太空中保持不变。“麦哲伦号”的轨道逐渐覆盖了几乎整个金星表面。它测绘出连续地带，创建了一个可以显示地形高度和起伏程度的雷达图像——金星的“地貌”。金星的面纱被揭开，仪态万方，它的秘密一览无遗。

“麦哲伦号”发现几乎整个金星——至少四分之三被火山地貌覆盖。金星上大约有 100 座类似夏威夷莫纳罗亚山的盾状火山，还有成千上万座类似意大利埃特纳火山的小型独立火山锥。麦克斯韦山脉是金星上最高的火山，高达 11 千米，可以与从海底拔地而起的莫纳罗亚山相媲美。一般而言，金星上的火山占地面积比地球上的大，但没有地球上的高。冷却的熔岩流沿着火山斜坡流下山谷，崎岖不平的岩石使其呈现出蜿蜒的线条，和地球上最新的熔岩流一样。但金星上的熔岩流线条比地球上的更长、更宽。金星表面的岩石组成不同，且更具可塑性，这可能是造成该细小差异的原因。

金星表面大约有 10% 的低地，堆积着松散的粉状物质，掩盖了它的真实面貌。岩石和大气之间的化学反应侵蚀了高原地区，因此形成了这种地貌。金星上只有大气层存在为数不多的水分，因此不会和地球一样发生水侵蚀作用。风尘暴造成的部分侵蚀会磨损剩下的岩石，而流星的撞击会击碎地表岩石，导致碎石无处不在。

金星上的火山环形山十分普遍，但是流星陨石坑极其罕见——虽然目前已确定的火山环形山大约有 1,000 个，远远少于没有空气的水星和月球。然而，这已是地球的数倍。气候变化和地壳板块移动造成的岩石碎裂破坏了地球上的陨石坑；而金星只有风化侵蚀，没有地壳板块移动。金星表面难见流星陨石坑，这是因为它的大气层能够有效阻挡流星的撞击——流星穿越大气层时往往会燃烧殆尽。的确，许多流星陨石坑成群出现，好似它们是由一颗支离破碎但并未被彻底摧毁的流星造成的，一次撞击产生了许多碎块。

不过，陨石坑如此之少的主要原因是金星的表面和地球的一样年轻（就行星而言），尽管它没有地球上移动的地壳板块。也许金星在过去拥有更多的陨石坑，但被新的火山物质覆盖并埋藏在地表之下。天文学家把陨石坑的数量与小行星撞击金星表面的速度联系起来，估算出其表面有 5 亿年的历史。有三四十亿年或者更遥远的金星历史被隐藏起来。旧秘密隐藏在新面孔之下，一如

变节的双重间谍抹掉过去，藏身于安全之所。

在过去 5 亿年里有没有发生过表面重塑？还是说 5 亿年前发生的一次大事件彻底重塑了金星表面？金星现在可能仍有活火山，近来人们在一两个火山上发现了火山灰流。欧洲最近的航天任务“金星快车”探测器发现了火山旁的一些“热点”。它们好像被地表下熔岩池中的液体加热，但实际上熔岩并未爆发。金星的地质活动并非十分活跃。这表明，剧烈的火山活动已是陈年旧事。

重塑金星表面的火山活动是一场灾难。是什么引发了这次灾难性事件？熊熊大火吞噬了整个金星表面吗？是由外部因素引起的吗？迄今为止，金星的一生仍是未解之谜。

金星曾遭受的全方位灾难事件，并非只有火山喷发导致的表面重塑。虽然金星上目前没有发现水的迹象，但是有可能它在 46 亿年前的形成之初与地球并无太大不同，那也是天文学家能推测的最早时期。或许所有类地行星（水星、金星、地球、火星）的诞生条件都类似：所有新生儿看起来都很像！

如果小行星和彗星将液态水带到金星表面的假设是合理的，那么金星的大气层也有可能存在氮气、水蒸气、二氧化碳和源于火山爆发的甲烷。二氧化碳和甲烷产生了强烈的温室效应，而海水因接近太阳而蒸发，产生的水蒸气又加剧了温室效应。

温室效应是行星大气中某些气体的一种特性。它对地球上的人类来说至关重要。地球表面能维持一个舒适、相对稳定、维系生命的温度，全仰赖于它。

1827 年，法国数学家和物理学家约瑟夫·傅立叶发现了地球大气中的温室效应。70% 的太阳光能被地球接纳和吸收，陆地、大气和海洋因此变暖。地表以红外辐射等形式向太空中散发热量。但是，地表散发的红外线辐射被大气中的温室气体和云层吸收。它不会反射回太空，而是加热了下层空气。这阻止了地表和海洋热量向外扩散。这表明，就像在温室里一样，地球表面和下层空气会日益变热。

金星的温室效应从一开始就比地球强。温度急剧升高导致海水完全被蒸发。它发生的时间远早于火山喷发的时间，因此海洋、溪流或洪水的痕迹和在水中形成的矿物岩石被完全覆盖。多余的水蒸气进入金星大气，加剧了温室效应，使温度进一步上升。这导致大气组成的

变化，甚至产生了更多的温室气体，如硫酸雾。温度再次大幅度上升——如此这般。1961 年，康奈尔大学的天文学家卡尔·萨根对金星极高的温度做出了解释：金星的温室效应失控了。

温室效应完全控制了金星的气候，它的温度升高至 500℃。相比之下，温室效应导致地球温度升高了 33℃，这对地球来说非同小可，但倒也颇为有利，且不会造成灾难性结果。然而，工业和农业活动释放的人为（源自人类活动的）温室气体（燃烧化石燃料产生的二氧化碳和牛群排放的甲烷）正在加剧气候变化，可能对这种良性平衡造成破坏。2015 年的《巴黎协定》为此规定了必要的步骤，通过限制人为排放，将全球平均气温升幅控制在工业化前水平以上 1.5~2℃以内。金星上没有这样的规定，其自然温室气体排放量的增长远大于我们正在经历的。眼前金星上是灾难性和极端天气变化的可怕景象，一个只有极端天气和光秃岩石的干涸、贫瘠的炼狱。与金星上升的 500℃相比，地球全球温度升高 2℃看似不多。但是，哪怕只向金星温度迈出无关大体的一步，都可能造成无法挽回的遗憾，哪怕不是为了我们赖以生存的行星，我们至少不能忽视物种的生存。

# 第4章

# 地球

## 平衡和谐

**科学分类**：类地行星

**距离太阳**：1.5 亿千米

**直径**：12,756 千米

**公转周期**：1 年

**自转周期**：1 天（24 小时）

**平均表面温度**：15℃

**秘密自白**："我很喜欢改善大气的蓝藻细菌，但盈千累万的人类把一切都搞得乱七八糟，我正考虑摆脱他们。"

地球是我们的家园，相较其他行星，我们更熟悉它的特性。地球担任着父母的角色——它有时被称为地球母亲。她满足我们的需求，为我们提供空气、食物、水源和住所。作为她的孩子，我们在过去从未质疑她会中断这一切。直到 1968 年，我们长大了，意识到父母并非无所不能。就好像走出青春期的孩子开始把父母当成普通人对待。太空时代的关键事件改变了我们认识地球的方式。

转折点发生在"阿波罗 8 号"飞行的第 3 天。太空舱在绕月轨道上飞行，载有宇航员弗兰克·博尔曼（任

务指挥官）、吉姆·洛弗尔和威廉·“比尔”·安德斯。这次任务是阿波罗登月计划的重要探索和测试阶段。宇航员绕月球数周，掠过月球表面，从 100 千米的高度俯视月球。他们观测一直延伸到月球地平线的地貌，仿佛站在山巅上的陆地探险家正眺望新发现的大陆。然而，映入眼帘的并非寻常风景。万里无云的黑色天空下，光秃秃的灰色岩石毫无生气，并且由于月球上没有大气，没有渐浓的迷雾增加距离感，地平线一清二楚地呈现在他们眼前。

在之前的三次轨道飞行中，他们想必也看到了同样的风景。但是，由于他们的任务是拍摄可能的着陆点，太空舱之下的月球表面才是其关注所在。在 1968 年圣诞节前夕的第四次绕月飞行中，他们在抬头的刹那看到了地球在月球地平线上升起。博尔曼是首个注意到地球升起的人：“哇，太美了！”安德斯拍下了一张照片，美国国家航空航天局随后发布了该照片并将其命名为“地出”。

后来，洛弗尔阐述了他眼中的地球：

> 月球是一个黑白世界，没有颜色。茫茫宇宙，目之所及，唯有地球是有颜色的……它是这片天空下最美丽的事物。然而，身处其中的人类丝毫没有

“地出”，摄于 1968 年
© NASA

意识到它是何等珍宝。

安德斯评论道：“我们的家园风景独好。”正如“阿波罗号”的宇航员所见，这颗行星远远望去一片蔚蓝，蓝天碧海的和谐互动构成了地球的主色调。两极的白色极冠是积雪所处的位置，不断变化的缕缕白云彰显了大气的存在。黑色勾勒出大陆的轮廓。在城市和道路相连的陆地上，夜晚的半球熠熠生辉，海面上的渔民用灯光吸引猎物上钩，石油工人正燃烧从井里排出的废气。地球是一颗包罗万象的行星：它身兼数职，参与许许多多的活动。

“蓝色星球”一词既直观描述了从太空看到的地球，又隐喻了地球滋养生命（包括人类）的能力。“阿波罗 9 号”的宇航员拉塞尔·“路斯提”·史维考特在《没有条框，没有界限》的演讲中，绘声绘色地描述了一个宇航员在月球上看到的地球：

> 它只是茫茫宇宙中一个渺小又脆弱的点，只用拇指就可将其掩住。而你意识到，那个小小的蓝白相间的点，对你来说意味着全部——所有的爱、泪水、欢乐、游戏，这一切尽在你的拇指之下。你幡

然醒悟，昨日的观点已悄然改变，你内心有了新的认识，你与它的关系也不似从前。

虽然未见渺小的人类影像，“地出”这张照片却揽入了整个地球上的人类。人类在浩瀚宇宙的这颗小小星球上茕茕孑立。我们都身处其中，正如美国诗人阿奇博尔德·麦克利什所说：“看到地球这样渺小、蔚蓝、美丽，真实地漂浮在永恒的静默中，就如同看到人类是在地球上并进的骑手，是在无尽寒冷中共享动人美好的兄弟——我们恍然大悟，我们是血脉相连的真兄弟。”这张照片也是有史以来复制次数最多的照片之一。

这张照片还表明，地球家园对我们的支持并非无所不能。我们是脆弱不堪的。摄影师盖伦·罗维尔称之为“有史以来最具环保影响力的照片”。据说它有力推动了环保运动的萌芽。

我们需要保护地球的原因在于，它位于太阳系的宜居带。一般而言，一颗行星距离主恒星（对我们而言是太阳）越近，它的温度就越高。在靠近恒星的地方，水

会变成水蒸气，蒸发并逃逸到太空中——生命会枯萎死亡。而在远离恒星的地方，水会凝结成冰，不可能有生化反应——生命会停滞不前。在中间地带，有一颗行星不冷不热，一如金发姑娘在棕熊家的桌子上发现的第三碗粥[①]，正好是可以让液态水在行星上存在的温度。因此，地球的水资源丰富：海水是生命存在的关键，生命在其中进化并转移到陆地上，但没有远离水源。

用行星系统的宜居带来判断行星上是否可能存在生命——换句话说，是否适宜居住，是一种相当粗糙的方式。除了行星和太阳的距离，还有其他决定因素。地球表面的温度不仅仅与地球吸收了多少热量有关，是否拥有大气层才是关键。如果大气中存在白云，它们可以将热量反射回太空。此外，根据它的组成，大气可以通过温室效应将热量从恒星释放到行星表面。这两个因素都在很大程度上决定了金星和地球的温度。

大气的另一个关键作用，是在空气对流和风的作用下把热量转移到地球表面：这样可以均匀地传播热量，

---

① 此处源自经典童话故事《金发姑娘和三只棕熊》：金发姑娘趁三只棕熊家中无人，入室品尝了餐桌上的三碗粥，第一碗粥太烫，第二碗粥太凉，第三碗粥刚刚好。后用金发姑娘的名字 Goldilocks 比喻恰到好处的部分或区段。

消除差异。在大气层的作用下，地球的个性中有一种温暖的平静。

即便如此，行星表面的温度依然不尽相同：除了主恒星，可能还有其他热源——例如地热活动。所以即使在宜居带之外，星球的温度也可能介于严寒和酷热之间，可以孕育生命的液态水也可能存在——例如木星和土星的卫星（分别见第 10 章和第 13 章）。

地球上不同纬度地区的温度也有所不同：两极寒冷，赤道温暖。这是因为太阳的角度决定了太阳辐射的强度——当太阳直射地球表面时，光和热会更强烈。具体取决于地球的自转和自转轴倾斜度。

某一位置的温度还取决于行星围绕太阳公转的位置。位置的变化会带来季节的变化，这主要与地球面向太阳的方向有关，如果地球的北极朝向太阳，那么北半球就比较温暖——北半球是夏天，南半球是冬天。因为地球在一年中围绕太阳公转，且地球自转轴在太空中是固定的，所以六个月后地球南极朝向太阳，而北极指向远方——此时南半球是夏天，北半球是冬天。地轴倾斜度为 23.5 度，这个角度“不偏不倚”，有助于平衡一年中太阳辐射的强度。

地球环日轨道的偏心率对气候的年循环还有一个影

火星夜空中的地球（左图）和地球夜空中的火星（右图）

响。地球在1月的第一周位于近日点，而在7月的第一周位于远日点。当生活在北半球的人们在冬天里瑟瑟发抖时，他们恐怕很难相信此时和太阳的距离比挥汗如雨的盛夏近了500万千米。

在过去的任何一年里，地轴的空间指向保持不变，且地球公转轨道的偏心率也保持不变。因此，这种作用会年复一年地重复。然而，从长远来看，地球的公转轨道是会变化的，因此其作用的强度也会变化。地轴进动的周期为26,000年，而23.5度的地轴倾斜度并非一直不变，而是以41,000年为周期在21.5度和24.5度之间变化。地轴倾斜角度越大，季节变化越明显。这个倾斜角度的范围非常重要，但实际上相当有限，尤其是考虑到角度的大小。这是因为月球的引力稳定了地球的进动周期，如此一来，地轴比在没有如此靠近的大月球的情况下更稳定——这是月球有利于地球的一个特性。地球公转轨道的偏心率也会改变：10万年间，其范围可以从几乎为零变化为当前值的两倍。

1913年，塞尔维亚土木工程师和地球物理学家米卢

廷·米兰科维奇对地球公转轨道的这三个周期性变化及其对到达地球的阳光量的影响进行了计算。这些变化被称为米兰科维奇周期。米兰科维奇指出，这些作用组合的最新主要周期为 10 万年。

半个世纪以来，米兰科维奇的工作成果大多不受重视或被忽略：科学家们不相信仅到达地球的阳光量发生简单且微小的变化就可影响气候。然而，在过去几十年里，随着米兰科维奇周期会影响气候的科学依据被发现，他的工作成果也逐渐被气候学家采纳。

地球上的温度变化的确能够影响深海沉积物和南极冰芯的组成。海床上的沉积物和南极大陆上的冰雪每年都在减少，它们是按年分层的，每一层都记录了沉积形成时的温度。砂心泥和冰芯已经露出了几千米深的沉积层和积雪层。通过对这些冰芯的研究，地理学家辨认出了冰河时期。在过去 300 万年里，冰川分别在 4 万年和 10 万年的时间尺度上前进和后退，这一周期性行为明显体现了米兰科维奇周期。美国国家科学院国家研究理事会认为，米兰科维奇的工作成果是“迄今为止，变化的‘公转轨道特性’直接影响地球低层大气的最清晰示例”。

但是，太阳活动、地球火山和大陆漂移、云覆盖量的变化导致气候的变化更加错综复杂，尤其是人为和自然温室气体的排放导致的地球大气组成的变化。生命体本身会管理（或干扰）变化，因此地球可以与地球上的生命保持平衡。

这一原则被称为盖亚假说，由化学家詹姆斯·洛夫洛克提出。盖亚是古希腊神话中的大地女神。该假说认为，生命体与环境相互作用，形成了一个自我调节系统，保持和发展适合生命持续的条件。这就是在重大环境变化中地球生命体还能持久进化的原因之一。亲子同住一个屋檐下的家庭会改变房间的功能，例如把婴儿房改成客房。地球和生命体也会随时间相互作用，不断发展，例如生命体带来的变化改变了地球大气和地表岩石的组成，到目前为止这些变化仍有利于生命的维持和发展，尽管在人为排放破坏环境的影响下发展会出现波折。

地球上由生命体引起的最剧烈的变化是几十亿年前的大氧化事件。事件肇始如下。

从太阳星云中积聚的岩石围绕在新形成的太阳周围，由此地球诞生。岩石随着沉降和挤压释放出自身携带的

气体。这些气体构成了地球最初的大气层，而且时至今日，木星和土星这样的巨行星上依然存在这些气体。大约 46 亿年前，大气主要含氢元素，它与其他常见元素结合形成水蒸气（氢和氧）、甲烷（氢和碳）和氨（氢和氮）。毫无疑问，还形成了所谓的惰性气体，如氦、氖和氩。氦和氖是宇宙中第二和第四丰富的元素，它们不会与任何物质发生化学反应，因此无法锚固在固体或液体上。它们的重量极轻，很容易逃逸到太空中——目前地球大气中已没有原始氦，只有微量的氖元素。

40 亿年前，火山和晚期重轰击带来的小行星在大气层中引入了气态氮和二氧化碳。二氧化碳很容易在水中和岩石矿物质结合，形成沉积的碳酸盐；而到了 34 亿年前，氮气成了大气的主要气体。形成于该时期的叠层石是已知的最古老的生物化石，但是更久远的石头呈现的化学特征显示，生命体的活跃时间或许更早。叠层石由蓝藻细菌（一种类似藻类的单细胞微生物）形成的沉积岩堆积而成：叠层石与海洋或湖泊中漂浮的绿色黏稠海藻层有关，这种藻类被称为“藻华”。蓝藻进行光合作用：它们利用阳光吸收二氧化碳，激活一种可以为生命体提供生存所需的能量和实体的化学反应。

原始大气中的氧气被甲烷、氨、岩石中的铁等化

 巴林杰陨石坑有 50,000 年的历史，它在科罗拉多高原的干旱气候中异常完好地保存了下来

学活性物质吸收。但是直到大约 24 亿年前，氧气的产生速度都大于被吸收的速度，这导致了大氧化事件的爆发——大气中首次出现游离氧。生命得以进化到第二种能量生产模式。动物并不能吸收二氧化碳并释放氧气，也不能利用光合作用产生能量，而是以植物等富碳物质为食，通过消化和利用氧气产生能量并释放二氧化碳。今天，地球的大气仍然富含氮，并保留着一些氩——氮占大气的 78%，氩占 0.9%——但二氧化碳含量下降到 0.04%，而氧气含量上升到 21%。

这样一来，地球秘史与生命秘史之间就有了千丝万缕的联系。其他改变地球生命进程的事件都没有大氧化事件如此手下留情，例如大型小行星和彗星的撞击。6,400 万年前，一颗对地球生命进化有重大影响的天体坠落在当时一片深约 100 米的浅水区底部，也就是现在的墨西哥尤卡坦半岛上靠近渔港希克苏鲁伯的位置。撞击者是小行星还是彗星，尚无人可知，但为了清晰简洁地表达，我暂且在下文中称之为小行星，但也欢迎持异见者。这一事件对地球产生了极具破坏性的影响，使地球改头换面，这就像一场巨大灾难对国家的影响——比如第二次世界大战期间核武器爆炸对日本的影响，但影响范围更大，是全球性的。

这颗直径 10 千米或 15 千米的小行星穿越大气层只用了短短一秒，速度远超音速。它将大气推开，开出一条无阻碍通道。在压缩并加热通道尽头的空气后，它一头扎进海水，在一秒之内产生过热蒸汽。它撞击并粉碎了海床，海底岩石瞬间熔化，几分钟内，它就砸出了一个直径 100 千米、深 30 千米的陨石坑。

陨石坑喷发的物质量为 30 万立方千米，由数十亿吨岩石碎片和海水混合而成。这些碎片像榴弹一样爆炸了，对射程内的任何动物都是致命一击，包括恐龙。这次撞击释放的能量相当于 100 亿颗广岛原子弹爆炸释放的能量，或地球上所有火山活动 1,000 年输出的能量。这是由小行星的动能造成的：车体在碰撞中塌陷也是受动能的影响。一辆汽车大概重两吨，而小行星的重量是它的几百万倍；汽车能以每小时 40 英里[①]的速度发生碰撞，而小行星以每小时 4 万英里的速度移动。综合来看，小行星撞击产生的能量是汽车撞击产生的能量的数百万倍。

---

① 1 英里≈1.61 千米。

这次撞击产生了一个由高温气体、过热蒸汽和发光熔岩组成的高塔，一股物质喷泉被加热到上千摄氏度，冲向大气层中的无阻碍通道后，迅速被碎块组成的蘑菇云覆盖。在炙热高塔的视线范围内，动物难逃熊熊烈火。

高温和爆炸导致周围的空气以超音速冲击波的形式冲向四周。冲击波毫无预兆地袭击了正在数百千米外进食的恐龙。寂静的大地上只有恐龙咀嚼的声音和地平线上不寻常的亮光，刺耳的噪声和旋风般的大风忽然而至，一只只恐龙被卷起，撞向悬崖峭壁，树木也被连根拔起，变成飞舞的棍棒和长矛。

与此同时，撞击点的海水溅起了巨浪。海水涌进洞壁，这个意外出现的巨洞被海水重新注满，掀起了约 100 米高的巨浪——这是一场巨大的海啸。短短几小时内，海啸席卷了东部沿海地区，冲进了大西洋，汹涌的洪水在沿海地区肆虐。海水涨潮并漫过海岸线，导致陆地生物被淹死；而一旦退潮，裸露在海床上的海洋生物就会窒息而亡。之后的返潮又将它们的残骸连同泥沙冲入地层。

时过境迁，其中一些地层变成了丰富的化石层。埃德尔曼化石公园位于新泽西州曼图亚的一家建材店后面的废弃采石场，那里便有这样一个化石层裸露在外。来自罗文大学的肯尼斯·拉克维拉和一群活跃的学生在某个面向大众的科学项目中发现了它的存在。大量史前时期的陆栖和水栖恐龙、鳄鱼、海龟、鱼类、菊石、腕足动物、软体动物及双壳类动物的碎骨和外壳化石散落在10厘米厚的地层中，形成了一个大规模死亡群落。

假设有一颗大型小行星在不久的将来以相同方式撞击海洋，比如大西洋，其直接后果将大同小异。海啸将席卷美国东海岸、北欧海岸——挪威、爱尔兰、英国、法国和葡萄牙，以及更遥远的南美洲和非洲海岸。小行星的大小及其撞击位置将决定死亡人数，极有可能以数百万计。

撞击地点希克苏鲁伯上空的碎块高塔开始坍塌。这些碎块的温度极高，其辐射引发了全球森林大火。喷射到太空的固体岩石碎片绕轨运行一段时间后，以一场旷日持久的流星雨回落到地球表面。

整个世界都充斥着碎块。在地球岩石的地质层中，碎块的物质组成还是可以被识别的。这一层可与其他地质层分开，且因为它含有高浓度的铱元素，可以判定它来自外星球。早在地球形成之初，小行星在地球上沉积的铱元素大多已沉入地核，因此铱元素在地球表面是极其稀少的。地表富含铱元素的物质来自于地核形成之后抵达地球的小行星。

地球和月球，由“水手 10 号”探测器拍摄
© NASA/JPL/Northwestern University

希克苏鲁伯小行星带来了富含铱元素的地层，即K-T界线层，它是介于白垩纪和第三纪之间的界线。（K-T是“白垩纪-第三纪”的缩写，K取自“白垩”的希腊文首字母，T是“第三纪”的英文首字母。）

细小的粉末状碎块在大气中悬浮了数周到数年，其中包括来自尤卡坦海床的石膏粉中的硫酸盐。这种物质挡住了阳光；如同核战争中大量核武器的交火，随风暴而来的是“核冬天”。我们的蓝色星球一片死灰，千里冰封。

6,400万年前撞击事件发生的同时，印度德干爆发了大规模火山喷发并形成了德干暗色岩，这些事件共同导致了陆栖动物的大面积灭绝，即所谓的“K-T灭绝事件”。然而，在大多数恐龙灭绝的时候，能飞的、长有羽毛的恐龙却幸免于难，它们找到最有利的生态位环境并进化为鸟类。以种子为食的小型动物沉潜待发，躲进地底下的洞穴里，它们大难不死并进化成如今在陆地上占据重要地位的大大小小的哺乳动物——啮齿动物、牛科动物、灵长目动物等。虽然希克苏鲁伯撞击事件只是地球和人类命运众多转折点之一，但它不可小觑，这条进化之路最终通向了你我。

希克苏鲁伯撞击事件是小行星和彗星对地球的众多

影响之一。虽然它造成了地球上已知的第二大陨石坑，但在墨西哥发现它并非易事。事实上，直到 1978 年，石油勘探者格伦·彭菲尔德才在进行航空磁测时发现了它。测量结果显示，在希克苏鲁伯的龙舌兰种植园和灌木平原附近的海床上有一个奇怪的圆弧。在陆地上看不出什么，除了一个浅槽和一个标志着陨石坑南部区域的圆弧。

石英的发现证实了陨石坑残留物的圆形特征。石英在撞击的冲击下转变为柯石英和斯石英。这些矿物质来源于二氧化硅，是类似于玻璃的致密、沉重结构。1953 年，工业化学家小洛林·柯斯将石英置于极高的压力和温度下合成了柯石英。人们曾经在核试验留下的火山口发现了这种物质的存在，但此前从未见它存在于任何天然岩石中。直到 1960 年，地质学家赵景德和尤金·舒梅克才在亚利桑那州巴林杰陨石坑发现了它。俄罗斯物理学家塞奇·斯季绍夫是第一个合成斯石英的人，所以斯石英也因斯季绍夫而得名，它与柯石英类似，但形成温度和压力更高；它同样发现于巴林杰陨石坑。

这些矿物质就像诊断结果，证实了来源不明的陨石坑是流星陨石坑。它们是藏匿于地底的线索，揭示了地球秘史中的灾难，让往事重见天日。

希克苏鲁伯陨石坑的岩壁被侵蚀，导致其几近消失，受天气作用及其所在的南美洲板块向北美洲板块移动造成的土地形态变化的影响，其凹陷的中心被填满。地球是构造板块最明显的行星。

构造板块的形成方式如下。地球在刚诞生时是熔融的状态，其胚胎星子——小行星从太空坠落时释放的能量及地核中元素的放射性使其越发炽热。然后，铁及类似元素液化并渗透到行星的中心。地核覆盖着一层叫作地幔的岩石，其温度居高不下。地幔好似一张毛毯，其作用犹如其名，但外层是冷的。这颗行星逐渐形成了当前的地层，它拥有高密度的铁质地核、坚固的岩石地幔和地壳，以及中间一层柔软的下地幔。再冷却导致地壳和上地幔的板块密度增加并下沉到下地幔，它们四散漂浮并彼此碰撞，就像一块拼图。高密度板块与低密度板块相撞，在地底震颤（俯冲），引发地震并削弱了碰撞线，从而导致地下的熔融物质在爆炸的火山中喷涌而出。

太平洋周围构造板块的碰撞是“火山带”形成的原因，近 500 座火山从新西兰向北延伸至菲律宾、爪哇和日本，向东穿过阿拉斯加，南下美国太平洋海岸和墨西

哥，进入南美洲的秘鲁和智利。一如光滑地板上堆叠的地毯，互相碰撞的低密度板块因挤压隆起，最终形成山脉，例如喜马拉雅山脉、阿尔卑斯山脉、安第斯山脉和落基山脉。

1774 年，当时的皇家天文学家奈维尔·马斯基林利用苏格兰希哈利恩山得出“地核是实心的”这一结论。在此之前，这是一个不为人知的秘密。这一想法起初是为了验证牛顿的万有引力原理，即万物相吸。牛顿本人提出了如何测量的建议，但因为他认为结果可能收效甚微，因此没有继续跟进。伦敦皇家学会成立了“万有引力委员会”，并精心策划了一次尝试。

牛顿设想在地球引力场中放一个钟摆，摆锤会垂直向下。但是，如果把它移动到一座大山的旁边，大山会使摆锤偏离垂直方向。以恒星为参考点，摆锤的偏转角是可测量的，而且可以比较大山的水平拉力与地球的垂直拉力。希哈利恩山在 1774 年被选为实验对象，因为它既可远离那些可能干扰测量的山脉，又有陡峭的侧面可让单摆接近它的重心，受到更大的拉力。

2017 年 12 月 10 日，在“开普勒”探测器调整望远镜的视野后，其镜头中地球的反射是如此明亮，以至于遮住了邻近的月球
© NASA/Ames Research Center

在为期 6 个月的探险中，云雾笼罩着整座山，马斯基林不得不与恶劣天气作斗争（希哈利恩山的字面意思是“持续的暴风雨”）。他利用恒星观测确定垂直度，并组织活动来测量大山的体积，从而计算出质量，但这些都在云团的干扰下变得困难重重。测量直到次年才完成。我们可以从下列事实中感受到这群测量员的喜悦之情：在一个庆祝派对上，他们醉酒后不小心点燃了大本营，将其夷为平地。测量结果显示了地球的质量，据此可推算出地球的平均密度。现代数据显示，地球的平均密度为 5.5 克 / 立方厘米，而地球表面岩石的平均密度约为 3.0 克 / 立方厘米。所以地球内部一定有一个密度更大的地核。

1936 年，丹麦地球物理学家英格·莱曼发现了地核的结构。她对在地球上传播的地震波进行研究，发现它们在被地球表面任何地震仪接收之前都会经过地球的中心区域。通过研究它们的传播过程可以探索地核的本质。莱曼发现地核由两部分组成。固体内核由铁元素和镍元素构成，直径为 2,440 千米，温度约为 6,000℃，密度为 13 克 / 立方厘米。它被铁元素和镍元素构成的液态外核包围。外核的外径为 6,800 千米，密度约 10 克 / 立方厘米，温度比内核低几千摄氏度。

内核的热量逸出会驱动液态外核的对流。做圆周运动的液态铁像发电机一样形成了一个磁场；地球自转和固态内核的摩擦也功不可没。地球发电机是地球磁场的起源。它或多或少与地轴对齐，但并不完全一致：目前磁北极在加拿大。地球磁场也并不稳定。地球磁场指向的方向在两极附近徘徊。根据被冷却凝固在磁化岩石中的磁极地质记录，磁极有时候会发生倒转。

无人知晓这背后的运作方式——这是地球作为一颗行星的复杂生命史。磁场是地球大气层的基本屏障，保护它免受太阳粒子的辐射，这一点毋庸置疑。地磁的地质记录不够精确，磁极倒转时地球磁场会消失多久也无从得知。几年？几千年？在那段时间里，地球的大气层会失去保护屏障。根据化石记录，这也许不是灭顶之灾，但也不容乐观。

当地球外层冷却凝固时，板块构造会停止，这大概需要数十亿年。这将是地球造山时代的终结，高山山脉会在侵蚀作用下逐渐磨损，并形成丘陵高原。薄弱地段在一段时间内可能会形成独立火山或小型火山山脉，例如火星和金星上的夏威夷山脉。这是两个没有构造板块的行星。但随着地球温度进一步下降，这种活动也将停止。地球将开始走向死亡。甚至它的液态铁核最终也会凝固，对流也会停止。我们星球的磁场将彻底永久地消

失。与磁极倒转中的暂时消失不同，这种永久性的消失将是灾难性的。失去了磁场的屏障，太阳粒子会彻底冲散地球大气。没有大气压力阻止水分子从海水中逃逸，海水将会蒸发，降雨将会停止，土地将会干涸。地球将会失去平静，变成一颗火星。

# 第 5 章

# 月球

## 奄奄一息

- **科学分类**：地球卫星
- **距离地球**：384,400 千米
- **直径**：3,474 千米，是地球直径的 0.272 倍
- **公转周期**：1 个月（27 天）
- **自转周期**：同步
- **平均表面温度**：−20℃
- **不为人知的骄傲**：“地球上的人类形容我命若悬丝，但曾几何时我也意气风发——我可以在十几分钟内形成一座山脉，而地球需要数百万年。”

相较于地球，月球是一颗没有空气、灰头土脸的卫星，虽然留有十多名宇航员无关紧要的脚印、遗留的机器和几个报废的航天器，但是生命迹象寥寥无几。“月球微型生态系统”就是生命迹象之一，它是一个密封的圆柱体，内含种子和昆虫卵，以测试植物和昆虫是否可以在人工生物圈内生长。如果我们要移民月球，就必须建设类似的菜园来获取食物，这项试验就是基于这个目的。中国“嫦娥四号”着陆器将这个生态系统带到了月球南极。浇水后的种子在 2019 年开始发芽，进展颇为顺利，

但在经历第一个 −51℃的寒夜后，幼苗夭折了。这对月球定居计划来说并不是好兆头。

月球是人类生活的一部分。它一到晚上就会反射太阳光，在没有人造光源的地方支配人类的活动，哪怕这些活动只是坐在洞穴口仰望它的灰色斑纹。月球始终以同一面朝向地球，所以我们总是看到相同的灰色阴影排列——尽管不同文化对它有不同认知，但图案都是相同的。在西方，这些阴影被认为是“月亮上的男人”或“背着柴火的老妇人”。中国、日本和韩国则将这些纹理比作兔子——这也是中国在 2013 年发射的“嫦娥号”探月飞船被命名为“玉兔”的原因。玉兔是中国月亮女神嫦娥的宠物。当然，我们是通过一种叫作幻想性错觉的心理现象来辨识这个图案的：我们看到的图案实际上并不存在。

受月球、太阳和地球的关系变化影响，月相盈亏随月球公转按月循环。这产生了介于一天和一年之间的时间单位，且数千年来人类已经习惯以此来安排生活。考古学家在刚果发现的伊尚戈骨是一只狒狒的腓骨，在旧石器时代被用作刀柄，上面的槽口刻有 6 个月的月相记录。虽然确切日期是个未知数，但是对日期的各种猜测从公元前 6000 年跨越到公元前 9000 年，甚至更早。猎人可能曾用这把刀柄记录长途旅行，计算他的回程时间，或者在月光下预测猎物的移动。另外，刀具在家庭生活中很常见，因此刀柄也有可能被女性用来记录月经周期。

月球引起了地球的潮汐现象，其引力导致了潮涨潮落；同时，它通过潮汐影响海洋生物的生活，决定它们的进食、生长和繁殖时间，以及我们在海上旅行的能力。

和水星一样，月球表面坑坑洼洼，布满了陨石坑，其中大部分是在太阳系形成之初的两次撞击中形成的。最近一次撞击的小行星体形更小，因此相应形成的陨石坑也更小，它们遍布在古老的平原上。

1969 年至 1972 年间，“阿波罗号”宇航员总共在月球上留下了 6 个地震检波器，用于记录“月震”。它们相当于医院重症康复病房的医疗监控设备，用来检查病人的生命体征，揭示肉眼看不见的病人体内情况。地震检波器一直运行到 1977 年，记录了数百次小月震。

一些月震发生在月球内部深处。有分析称，月球的核心是分层结构，其内部是被地幔包围的固体内核。跟地球上的构造板块引发的地震不同，月球地震是由其核心的引潮力引起的。

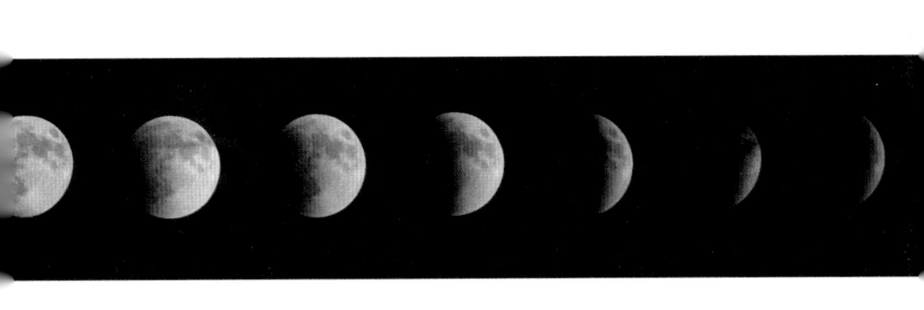

2015 年 9 月 27 日，“超级月亮”和月全食，这两个天象的下一次结合在 2033 年
© NASA/Bill Ingalls

有些月震则来自月球表层，当岩石在寒冷的月夜中冒出来并突然暴露在太阳的辐射下时，它们会膨胀并产生震动；另外，应变能突然释放时也会引发震动。偶尔的流星撞击也会导致震动。

美国国家航空航天局和欧洲空间局均通过监测月球的夜间区域密切关注撞击活动。他们每隔几小时就会看到一个短暂的闪光，这是发生撞击的信号——考虑到未受监测区域和未观测到的闪光，他们推断整个月球每小时大约受到8次撞击。这些闪光由几千克重的流星撞击产生，每一次撞击都可能留下直径数米的陨石坑，其大小肉眼可见。更大的陨石坑仍在不时形成。月球勘测轨道飞行器自2009年发射以来，已经累积了大量月球表面的照片，因此变化也一目了然。数以百计直径超过10米的新陨石坑以每年180个的速度出现。

这些撞击把月球表层下的土壤翻了出来，这一过程被称为“耕耘”。月球表面2厘米厚的土壤每10万年就被翻动一次。如果要在月球上建立永久移民地，我们必须直面撞击这一问题，这就是美国国家航空航天局和欧洲空间局对这个问题尤其感兴趣的原因。月球不像地球那样充满生机活力，但也不是传言中那个永恒不变的不毛之地。

流星撞击使月球表面蒙上一层灰尘。1969 年，第二名踏上月球表面的宇航员巴兹·奥尔德林拍摄了一张令人难忘且广为流传的照片，照片里有他留在月球表面灰尘上的靴印。这张照片为休斯顿的美国国家航空航天局工程师展示了月球土壤的深度和稳定性，帮助他们设计出牵引力良好的月球车。这张照片的意义超出了技术范畴，它诗意地记录了人类首次登陆另一个世界的时间和地点。

“阿波罗 11 号”登月舱着陆在宁静之海——静海，这是一片遍布玄武熔岩和尘土飞扬的平原地区，平坦的表面几乎没有陨石坑和巨石，没有大山丘、悬崖峭壁或深陨石坑，是一个安全的着陆点。从“静海基地”（即着陆点）俯瞰月球，残酷日光从地球背后的漆黑天空照射在月球表面，照亮了整片地貌——因为月球没有大气、空气和蓝天。登月舱“鹰”的影子清晰可见。地势非常平坦。巴兹·奥尔德林描述了透过“鹰”的舷窗看到的景象：

我们也想深入描述周边的细节，但它看起来像个包含了各种形状、角度、粒度和你能找到的所有种类的岩石的集合。至于颜色——其变化很大程度上取决于你（相对于太阳光）的观测角度。它看起来似乎没有一个固定统一的颜色。不过，附近区域有不少岩石和卵石，它们的颜色似乎颇为有趣……

尼尔·阿姆斯特朗告诉任务控制中心：

左边的窗外是一个相对平坦的平原，有大量5英尺[①]到50英尺大小的陨石坑，还有一些山脊——并不高，我估计20英尺到30英尺，这一带周边还有成千上万个1英尺到2英尺大小的陨石坑。在前方几百英尺处，我们看到了一些大概2英尺长的几何区域。一座小山矗立在我们前方的地面上。

阿姆斯特朗把注意力集中在这一历史性时刻，无论如何，在月球讲出的第一句话必须合乎时宜：

这是我个人的一小步，却是人类的一大步。

---

① 1英尺＝0.3米。

他环顾四周，描述目之所及：

> 它自有一种鲜明的美。它与美国大部分高原沙漠颇为相似。虽然不一样，但也十分漂亮。

巴兹·奥尔德林也表示同意：

> 我在各个方向都可以看到灰白的月球景色的细节，表面布满了成千上万个小陨石坑和各式各样的岩石……因为没有大气，所以月球上没有雾霾。它如水晶般纯净。“多么美丽的景色啊！”我赞叹道……慢慢地，我情不自禁地陶醉在月球这非同寻常的庄严中。其质朴无华和单一色调的确美丽。但它是一种我从未见过的美丽……“华丽荒土”。

“阿波罗 12 号”的着陆点与静海基地颇为相似。“阿波罗 13 号”的任务被迫中止。“阿波罗 14 号”在科恩陨石坑附近着陆，宇航员想俯视观测，却因迷失方向导致补给不足，无奈之下只能返回基地。“阿波罗 15 号”的着陆点是最冒险的。登月舱“鹘”于 1971 年在亚平宁山脉附近的一片黑暗平原着陆，哈德利山是距其最近的

“这是我个人的一小步，却是人类的一大步。”
© NASA

山峰。在月球表面停留的三天里，宇航员两次驾驶月球探险车前往哈德利月溪。熔岩流过的月溪更深，而凝固的熔岩使其更加陡峭。他们商量着是否要深入月溪底部一探究竟，但最终还是放弃冒险：

> 我能看到月溪底部——它看起来非常光滑，大约有 200 米宽，底部表面有两块极大的卵石。“看起来我们可以一路开到底，对不？”戴夫满怀希望地发问。实际上，他在蜿蜒前进的时候找到了一个平坦的地方，那是一条从圣乔治陨石坑倾斜而下并延伸到月溪底部的河道。“我们开下去采集一些岩石吧。”“戴夫，你尽管去，我就在这里等你。”我对他说。我寻思着我们或许可以先下去再折返，但是如果直接开到谷底，一旦机器出现问题，我们就甭想离开了。

和所有陨石坑一样，月球的陨石坑也近似圆形。撞击物以什么角度到达月球表面并不十分重要。小行星冲进月球表面形成的陨石坑是椭圆形的，所以这些陨石坑并不是由小行星造成的。它们是由撞击物及其撞击表面之下的气化作用造成的。由此产生的气体膨胀并冲出地表，形成对称碰撞爆炸，将周围地表的岩石推向上方或侧面。

周围的岩石被粉碎成碎块或灰尘。碎块不受任何空气阻碍，呈弧形向上延伸。陨石坑辐射留下的痕迹会留在这些碎块上。一些大撞击产生的条痕会延伸到月球远端，甚至环绕月球旋转到月球的另一边，例如形成第谷月坑的大撞击。第谷月坑是月球上肉眼可见的最亮点。

月球上的小陨石坑和早餐吃的麦片一样简单。直径超过 15 千米的月球陨石坑更复杂，通常有一个中央峰（有时甚至是多山环带），其表面岩石会上下弹跳多次。一些大型陨石坑会在主要的岩壁内形成阶地，其岩壁斜坡已经从原先堆积的地方滑塌。

如果一颗小行星碰巧落在一个旧陨石坑的岩壁上，则会形成一个与之重叠的新陨石坑，看似刚形成不久。除了新撞击击碎月球上旧陨石坑的例子，陨石坑的岩壁在某种程度上会受到侵蚀，但这不是气候造成的，而是岩石在月球自转的一个月内不断加热冷却造成的。月球的白天温度约为 100℃，晚上则降至−170℃。巨大的温差会导致岩石剧烈膨胀或收缩，从而引起小型月震，产生碎块和尘埃。这个过程会增加小行星撞击形成陨石坑和月球岩石被粉碎时产生的灰尘。

月球上有些陨石坑巨大无比，南极艾特肯盆地就是

其中之一。它的直径约 2,500 千米，面积相当于美国本土面积的四分之一。它几乎横跨月球南极。因为位于月球远端，所以它的大部分结构不可见。陨石坑底部位于火山口边缘的山峰下约 13 千米处。它是太阳系最大的陨石坑。

雨海是月球近侧最大的陨石坑，直径为 1,145 千米。它是肉眼可见的第二大深灰色陨石坑。艾特肯盆地和雨海盆地的形成源远流长。艾特肯盆地的年代是通过观察坑内较小陨石坑的数量来估计的，并不精确。但是"阿波罗 15 号"的宇航员从月球带回来的岩石表明，雨海的起源可以精确追溯到 39 亿年前。

撞击月球并形成雨海的小行星直径为 250 千米。雨海平坦的内部区域被环绕其中的三座高山分割成三个同心圆，山脉的名字取自地球上的山脉。外环被称为陨石坑口壁，它由高加索山脉、亚平宁山脉和喀尔巴阡山脉组成。中环是阿尔卑斯山脉。内环的直径是 600 千米，只有一些低矮的山丘和山脊，这是因为大部分山体被涌入陨石坑的熔岩流掩埋，有的是因为撞击，还有的是后来形成的。受到撞击后，陨石坑出现了同心圆特征。撞击产生的月震波在月球远端形成了一个混乱的地形（就像水星上卡路里盆地撞击造成的奇怪地形），让月球表面出现了断层。当时在月球上的任一角落，都可以感受到这个撞击的影响。

雨海陨石坑的底部位于陨石坑壁峰下 12 千米处。陨石坑内抛离出来的碎块在陨石坑壁外形成了一个熔融石场，周围地形因抛掷物的磨损形成了许多放射状凹槽，就像经受枪林弹雨的桅杆和甲板。

地球上的亚平宁山脉和阿尔卑斯山脉是在板块碰撞的缓慢过程中寸积铢累而成的。数百万年后，它们的高度才达到几千米。而月球上的亚平宁山脉和阿尔卑斯山脉能在几分钟内蹿升至类似高度。

月球上有火山活动的迹象，但其留下的痕迹无法与小行星碰撞产生的痕迹相提并论。除了填满一些陨石坑的熔岩平原，可见的痕迹还包括所谓的“蜿蜒月溪”。它们就像地球上的小溪，即河流形成的沟渠。月溪过去被视为和地球上的小溪一样（天文学家仍沿用首次发现它们时使用的古老拼写）。但实际上它们更像沟渠，由月球表面以下渗出的岩浆形成，沿着崎岖不平的月球表面蜿蜒流出，一如地球上的河流。熔岩流出月溪，形成了今

一架飞机飞过“超级月亮”
© NASA/Jool Kowcky

天我们看到的陡峭沟渠。如果宇航员未来能够重返并漫步在月球上，他们至少能发现这样一个秘密：一些从表面消失的裂谷可能会通过“熔岩管道”沉入地表之下并继续存在。熔岩管道是熔岩流经的管道，火山喷发时边缘的岩浆先冷却形成了坚硬的外壳，而此时内部的岩浆还未冷却。这些熔岩管道将来或许可以成为适合宇航员居住的沟渠。

地月系统好似一对双胞胎，它可能起源于太阳系形成约 1 亿年后原地球盖亚与另一个原行星忒伊亚的碰撞。那时盖亚的大小是地球的 90%，而忒伊亚和火星一样大。

这次侧面擦肩而过使地球自转一周只需 5 个小时。那时月球绕地球运行的距离也比现在近得多。两个天体之间的引潮力锁住了月球，导致月球始终以同一个半球面向地球；数十亿年来，引潮力耗散了月球轨道和地球自转的能量。月球因此后退到当前的位置：它仍以每年 4 厘米的速度远离地球。地球自转也变慢了，由原先的 5 小时延长到现在的 24 小时：它仍在变慢。

两个原天体都具有核–幔结构。两个铁核合二为一，

就像顺着窗玻璃滑落的雨滴汇合。地球最终拥有超大的地核，而月球几乎没有。超大的地核意味着它曾长期处于液态，以维持地球的磁场并保护地球的大气层，使地球拥有生物进化必需的特征。地幔物质混杂在一起，在两个天体中均匀分布。因此，月球岩石的组成基本上与地球上地幔的组成相同。

如果地球上的生命形成于这次撞击之前，那么这次撞击将会重设时间，因为撞击会把地球和月球的温度提高大约 1,000℃。地球上所有的液态水会因此蒸发：现在地球上的水是由撞击导致的火山活动或者之后小行星和彗星的小规模撞击带来的。这次撞击虽然给早期生命带来了负面影响，但对生命的发展也有积极作用。月球为地球带来了四季的变化，地球达到了 23.5 度的倾斜角，形成了地表宜人的温度。另外，忒伊亚行星事件使月球变成如今这般大，让地球自转轴的变化不至于过大，也让地球的四季变得分明。地球的四季循环——春日的多彩、冬日的冰封、季风期的倾盆大雨、西罗科风期的干燥闷热——都可以追溯到这一独特事件。

# 第6章

# 火星

## 好战星球

- **科学分类：**类地行星
- **距离太阳：**2.299 亿千米，是日地距离的 1.52 倍
- **直径：**6,792 千米，是地球直径的 0.532 倍
- **公转周期：**687 天
- **自转周期：**24.6 小时
- **平均表面温度：**−65℃
- **不为人知的恐惧：**“我喜欢探测器降落时给我挠痒的感觉，但是我一点也不期待探测器着陆的瞬间。”

火星是一颗红色星球，与传说中嗜血的战神钟爱的猩红色一样，因此人们用战神的名字来命名这颗星球。古斯塔夫·霍尔斯特的管弦乐组曲《行星》中最著名的乐章就以这颗行星命名，该组曲根据占星术中行星对应的人物性格，用音乐术语描述了行星的性格。霍尔斯特一向对占星术深感兴趣，他这一兴趣的加深要源于 1913 年与作曲家阿诺德·巴克斯的兄弟克利福德·巴克斯在西班牙度假时的经历。作为占星家的克利福德·巴克斯把占星的技术原理传授给霍尔斯特。占星术因此成为霍尔斯特的“癖

好”，并且自那以后，他非常乐于为朋友们卜卦占星。

《行星》组曲的开篇是“火星：战争使者”，其持续的和弦断奏让人联想起机械化战争的可怕形象。时值第一次世界大战首次使用了坦克，霍尔斯特也是在同一时期开始作曲。这颗行星很容易辨认：除了心宿二，天空中其他星体闪烁的颜色和亮度都无法与之匹敌。心宿二的字面意思即“火星敌手”[①]。火星的颜色源自其表面的土壤——主要由一种红色铁矿物质构成，类似钢铁在潮湿条件下形成的物质。

火星是太阳系中与地球最相似的行星。它的体积相当小，直径只有地球的一半。虽然它的天气更加寒冷干燥，但形成之初的它与 46 亿年前的地球一样温暖湿润，拥有厚厚的大气层和丰富的水源。如果那时地球已存在人类，那他们抬头仰望星空时将会看到一颗蓝色行星，而非如今的红色星球。但是，大约 40 亿年前火星发生了翻天覆地的变化，之后便每况愈下。和金星一样，火星

---

① 心宿二的英文名 Antares 由 Anti 和 Ares 拼合而成。Anti 意味反对，Ares 是古希腊神话中战神的名字。

也经历了一场全球性气候灾难，直到最近我们才知道原因就在于它的内核。但是火星仍有大气层，其表面也呈现出陆地的特征。

火星表面的真容在太空时代才浮出水面。科学进步来之不易。自1960年后的半个世纪间，一半以上的火星航天任务以失败告终。因其“反击”和“保守秘密”的能力，火星在空间科学家中声誉斐然。理想的发射时机是每两年一次，这意味着等待第二次发射机会的时间漫长的令人恼火（别提在这段时间里支付任务团队薪酬了）。任务成本大部分都花费在航天器的开发上。此外还得准备一个备用航天器以应对意外，因此航天任务通常成对发射。

在有大气层的行星上，飞行器可以使用降落伞着陆，但是火星的大气特征会随着时间和位置的变化而变化：在任务的设计阶段，要提前几年预测飞行器到达目的地之后的状况并非易事。如果大气比平时稀薄，例如温度高于预期，那么降落伞可能无法减慢下降速度，飞行器可能会严重撞击表面。任务轨道必须恰到好处：进入大气层的角度至关重要。如果角度太陡，飞行器的下降速度会过快；如果角度太平，飞行器会弹回太空。这是很棘手的情况。

当然，虽说至关重要，但下降和着陆也只是旅程最

火星上一个年轻的撞击坑
© NASA/JPL-Caltech/University of Arizona

后要面对的问题：在发射和飞行过程中，运载飞行器必须保证机械装置和电子设备完好无损。发射过程可能会出岔子，导致火箭爆炸；发射时可能振动过大，导致设备断裂；飞行器还有可能被送入错误的轨道。在飞行过程中，设备可能会受到空间环境的影响，包括真空、辐射和流星。降落伞的结构可能会在真空中失去弹性并撕裂；机器轮轴可能会因宇宙辐射焊合在一起并停止运作；一颗以每小时数万千米的相对速度运动的流星可能会击中飞行器，造成巨大的破坏。

如果任务以失败告终，控制室里一脸沮丧的空间科学家难免令人伤感。他们意识到自己丢了工作——不仅是已经完成的建造飞行器的工作，还有空间事故调查期间需要完成的工作。这足以改变一个人的职业生涯，尤其对研究生来说：一篇关于“我设计了一些设备，以下十章是相关介绍，但我从来没机会用上它们”的博士论文，远不如一篇只有一章与设备设计相关，还有九章写了另一个星球表面的论文有分量。

2003 年圣诞节，英国“猎兔犬 2 号”火星着陆器准备降落火星，却未能与火星表面取得联系。当时我在控制室现场，科学家们一脸严峻，孤注一掷，希望可以找出问题所在并启动飞行器。虽然它安全着陆了，但没能

完全打开太阳能电池板，也无法部署无线电天线。火星大气比预期活跃，密度也比预期稀薄，导致它下降速度过快，坠毁在火星表面。

“猎兔犬 2 号”火星着陆器的科学家们希望调查火星上是否有生命。这很难通过地球上的望远镜观察得知，即使如今业余天文学爱好者透过望远镜观测火星圆面的特征并非难事。1610 年，意大利物理学家和天文学家伽利略是首位通过小型望远镜观察这颗行星的人，但由于望远镜过小且光圈太模糊，他无法分辨任何表面特征。1659 年，荷兰天文学家克里斯蒂安·惠更斯首次描述了火星的表面特征。他观测后绘制出一块三角形暗斑，描述其为一个大沼泽。当时，月球上类似的区域被认为是海洋（即“月海”），因此他也产生了类似的想法。事实上，这两种特征都是岩石和矿物，其颜色与行星表面的其他部分不同。

通过观测这个三角形暗斑的重复出现，惠更斯确定了火星的自转周期，即火星上的“一天”。火星上的一天被称为一个“火星日”。一个“火星日”只比地球自转一周的 24 小时长 37 分钟。

火星与太阳的距离是日地距离的两倍，且“火星年”要长得多——687 个地球日，地球上一年只有 365 个地球日。火星的轨道倾角是 25.2 度，与地球的 23.5 度颇为相近。因此，火星和地球一样有昼夜和季节循环，但是火星的冬天更冷且周期更长。火星的轨道随时间变化，它的季节和气候也随之变化。火星的表面温度在白天可以高达 20℃，但在夜间会下降到−140℃。地球上最寒冷的地方是南极高原的富士冰穹，那里的温度可低至−80℃或−90℃。

1666 年，意大利天文学家乔瓦尼·卡西尼发现火星的南北两极存在冰盖：望远镜下的南北两极存在白色斑块，它们在冬天会扩大，在夏天会缩小。极地冰盖是冻结的水和干冰，厚 2~3 千米，边缘屹立着陡峭的冰崖。它们被春天融化的冰水环绕。这里我用了“融化”一词，更准确的说法是升华。升华是固体直接变成气体的过程，如干冰是直接升华成气体的固态二氧化碳，它通常用于在舞台上产生烟雾效果。一般情况下，冰在转化为气体（水蒸气）之前会融化成液态水，但如果大气压较低，它会直接升华成气体，火星上就是这种情况。春天来临，雪水融化使斜坡上的土壤疏松，导致土壤顺坡滑至

山下。随着山体滑坡倾泻而下，平原上红色尘土飞扬一片。从太空中可以看到滑坡，但因声音无法在真空中传播，我们听不到雷霆般的山体崩塌。

火星大气比地球大气稀薄得多，由二氧化碳、氮和氩组成。除了没有氧气，其组成与地球大气相似：地球上的氧气是由植物产生的，而火星上没有植物。虽然火星大气很稀薄，却足够形成云层。在地球上可以观察到一些较大的火星云。有时候，你可以看到它们从山顶迎风飘下。在摩天大楼的顶端或喷气式飞机的机翼顶部也可以观察到类似现象。

1840 年，德国银行家、业余天文学家威廉·比尔和同事约翰·冯·马德勒绘制了第一张火星地图，标出了固定不动的黑暗区域。起初，它们被定义为潮湿区域，其颜色和密度似乎千变万化。后来法国天文学家埃马纽埃尔·利亚在1860年提出假设，他认为这些区域是植物，而这些变化可能是季节性的。但它们最终被证实是由沙尘暴造成的能见度变化。1877 年，意大利天文学家乔瓦尼·斯基亚帕雷利绘制了火星地图，并将这些形状标注为“大陆”“岛屿”和“海湾”。他认为自己看到了许多又长又直的“河道”连接着这些地理特征。

美国商人珀西瓦尔·洛厄尔自掏腰包在亚利桑那

州的弗拉格斯塔夫建立了一座天文台，用于寻找冥王星和研究火星。他观察了黑暗区域的颜色变化，并将它们与极地冰盖的变化联系起来：当极地冰盖缩小时，它外缘的一条蓝绿色暗带也会相应缩小。一股黑色浪潮沿着“河道”流向赤道，看起来很像尼罗河流域的季节性洪水，而供水让植被恢复了生机。由于不熟悉意大利语的微妙之处，再加上对火星生命的一厢情愿，洛厄尔把意大利语的“河道”翻译为“运河”，把它们交叉的地方解释为绿洲。他设想这条线是沿着连接水体的人工河道生长的植被，颇像尼罗河沿岸的青翠地带，到处是草木丛生的绿洲。他认为这些运河是火星人建立的灌溉系统，从极地冰盖取水来缓解无尽的干旱。这种观点认为火星是一个濒临干涸的古老世界，其居民希望移民地球，因为他们自己的星球正走向灭亡。

H. G. 威尔斯在 1898 年出版的小说《世界大战》中描述了这一传奇想象。杰夫·韦恩在 1978 年将其改编为音乐剧，其中理查德·伯顿演绎的开场白让人毛骨悚然：

> 没有人会相信，在 19 世纪的最后几年，这个世界会被一群比人类更伟大却注定灭亡的智慧生物虎视眈眈地注视着；正如人类热衷于对自己关注的各

式各样的困惑展开思考，这群智慧生物也对此进行了仔细的研究和学习，其仔细程度，几乎与人类用显微镜观察一滴水中的浮游生物相当。

威尔斯对火星的描述令人神往，然而是虚构的。1909 年，在巴黎的郊区小镇默东，出生于土耳其的法国天文学家欧仁·安东尼亚迪利用大型望远镜观测火星后得出结论：透过不稳定的大气层观测到的模糊斑驳的“运河”，实际上只是人们的想象，并非事实。到了太空时代，火星探测器证实了火星上没有运河，呜呼哀哉！

要想确定火星的本质，需要进行一次近距离考察。人类通过一次成功的飞掠任务首次成功造访火星。“水手 4 号”于 1965 年 7 月 14 日至 15 日飞过火星，将资料存储在磁带记录器中，在飞掠结束后传送回地球。航线下方的陆地照片显示，火星表面布满大量陨石坑。然而，“水手 4 号”记录的情况缺乏代表性：它碰巧飞过了火星上最古老的地形之一。火星没有构造板块，大气稀薄，因此，在最古老的表面撞击形成的陨石坑已经有 38 亿年的历史，却从未因侵蚀作用而消失。

首个进入火星轨道的航天器——实际上也是首个进入地外行星轨道的航天器——就是1971年11月14日抵达火星的“水手9号”。当时它遇到了一场大尘暴席卷火星，表面完全被遮蔽。空间科学家只能看到毫无特色的云层。面对这样倒霉的事情，控制室里的人万般无奈。

尘暴在火星上很常见。它们通常是螺旋上升的小型灰尘龙卷风，地球上一般称之为尘卷风或畏来风。地球上的一些土著民族将尘卷风视为神灵。它们从一个土丘顶部跳到另一土丘顶部，毫无规律可言，就像逃窜的羚羊或其他敏捷的动物。我在南非卡鲁沙漠的南非天文台的望远镜旁行走时，数米之内就会有一阵尘暴刮过。这让我想起了小时候看过的《天方夜谭》里一幅描绘阿拉丁的画。尘卷风俯视着我，我就像画里的阿拉丁在神灯精灵面前一样渺小。它呈螺旋形，顶端宽阔得如同精灵的头和肩膀，底部狭窄得就像精灵刚从神灯里出来的样子。我听到它经过时的嘶嘶响声。我也不难理解为何有人认为尘卷风是有生命的，而且相当险恶。

火星上的尘卷风以一种既坚定又疯狂的速度移动和变化方向，游走在火星沙漠上。它们将表层土壤搅成一团乱麻。红色的表面灰尘下暴露出一种深色物质。从太空中看，这种深色物质就像沙漠里的涂鸦，记录着尘卷风的轨迹。

火星上的尘暴远远大于单个龙卷风。大尘暴会覆盖整个星球表面，持续数月，有时在地球上也能观测到。从火星表面看过去，遮天蔽日的尘暴会扰动光线和沙尘。火星灰尘可能会飘到探测器的太阳能电池板上，让探测器无法获得能量，陷入停顿。如果火星风迅速清除微尘，探测器可以在太阳为蓄电池充电的间隙恢复活力。但如果尘暴持续时间太长导致电池无法充电，探测器就有可能进入休眠状态。这种情况就发生在了“机遇号”探测器身上，它在 2018 年遭遇席卷火星的尘暴后便陷入休眠状态。它似乎也无法被唤醒，美国国家航空航天局的科学家们只能放手，开始下一个任务。

火星风扬起的尘土遍地可见，覆盖了整个火星表面和两极冰盖，使冰盖呈现一种层状结构，就像巧克力奶油蛋糕——灰尘覆盖在冰层上，当冰层融化并重新形成后，又覆盖上一层灰尘。火星上强烈的沙尘暴通常发生在夏天，对流会产生更强的风，导致更多的尘埃从表面被带走。火星上规模最大的尘暴通常发生在南半球的夏季。这碰巧是因为火星南半球夏季比北半球夏季更接近太阳。因此，南半球的气温也相对较高，并且此时的对

阿拉姆混杂地位于火星南部高地一个直径 280 千米的古老撞击坑内，图中浅色凸出部分主要由赤铁矿和硅酸盐组成，表明这儿曾经是一个湖泊
© NASA/JPL/University of Arizona

流运动最强，因此尘暴也更强烈。一旦开始，更强烈的尘暴可能持续数周到数月。

空间科学家从不轻易言败。“水手 9 号”在不见天日的情况下到达火星，不得不延迟对火星表面的探索。两个月后，也就是 1972 年 1 月中旬，“水手 9 号”的控制员们终于等到了尘埃落定。

皇天不负有心人，“水手 9 号”最终在火星表面发现了各种各样的特征。它探测到最新形成的火山。其中最大的火山是奥林匹斯山，高达 24,000 米。想想地球上的最高峰珠穆朗玛峰，只有 24,000 英尺高：米是英尺的 3 倍，因此奥林匹斯山的高度大概是珠穆朗玛峰的 3 倍。地球上最大的火山是莫纳罗亚火山，它几乎占据了整个夏威夷大岛，深埋在太平洋底下：奥林匹斯山的体积是它的 100 倍。它的体积解释了火星的火山为何会被冠以如此宏伟的名字：在地球上，奥林匹斯山是众神的住所。奥林匹斯山与其他数座火山集中在火星上的塔尔西斯火山群地区。虽然那里有类似熔岩流的新物质，也许只有几百万年的历史，但从未出现过火山喷发或熔岩流，似乎也没有剧烈的地震活动——没有“火星震”。

1972 年，“水手 9 号”还发现了一个巨大的峡谷系统，即大型裂谷，科学家用人造卫星的名字为其命名——水手号峡谷群。水手号峡谷群沿赤道东西延伸 4,000 千米。它宽 600 千米，深 7 千米。想想亚利桑那州的大峡谷：水手号峡谷群在每个维度上的大小都是它的 5 到 10 倍。但根据“水手 9 号”传回的数据，火星上最常见的地形是广阔、干燥、红色或黄色的平原。

1975 年至 1976 年的“海盗号”火星探测任务揭开了火星的许多秘密。该任务一共发射了两个火星探测器。每艘飞船由两部分组成，母船在放下着陆器之后会停留在火星轨道上。首次在火星表面着陆的便是这两个着陆器。“海盗 1 号”和“海盗 2 号”的着陆器分别运作了 6 年和 3 年。它们想要寻找生物化学却无功而返——火星表面没有任何生物。火星表面似乎没有生命，至少没有探测器可以探测到的生命迹象。

这两项任务探测的结果出乎意料：火星表面大片区域曾有丰富的水系。证据之一便是水系形成的地质结构。封闭盆地中有非常平坦的区域——显然是堆积在湖底的固结淤泥。这些湖泊形成了黏土层。黏土是一种特殊的

矿物，其化学结构后来被在上空盘旋的人造卫星证实：这些卫星通过观察火星表面反射的颜色研究火星表面土壤的成分。

“海盗号”探测任务在火星上发现了山谷系统，位于低处的小型蜿蜒山谷连接着更大的山谷——显然是干涸的小溪和河床。部分山谷系统的特征表明，冰原或冰川下曾经流淌着溪流与河流。另外一个证据是矗立在平原之上的泪滴状“岛屿”，类似陨石坑壁顺流而下的产物。当时几百米高的悬崖被汹涌的洪水冲刷侵蚀，形成了如今独立的岛屿。部分平原上散落着圆形卵石，它们曾在湍急的水流中翻滚。越来越多的证据表面，火星曾经存在丰富的水源。那个时代被称为“诺亚时代”，即《圣经》中诺亚生活的大洪水时代。

水是生命存在的必要条件。地球上的生命起源于海洋，也可能起源于海底深处的火山活动。海洋生物或许可以爬上海岸，进化为陆栖动物，但是它们仍需要靠喝水来补充生命活动中流失的水分。水是必不可少的溶剂，让维持生命的生化活动得以进行。火星曾经存在丰富水资源的证据意味着它可能仍存在少量水资源，这推动着人类更全面、更仔细地寻找火星上生命存在的证据。

自 1980 年以来，人类加快了探索火星的步伐——虽然发射次数减少，但是每次的持续时间都会增长，带来了更多的科学发现。自2010年以来，火星及其周围一直活跃着4~8艘飞船。登陆火星并在其表面行驶的探测车是最令人惊叹的。这些探测车的大小从迷你咖啡桌到高尔夫球车不等，行驶距离也从100米发展到几十千米。通过与地球建立联系，最新的探测车能够自主选择感兴趣的探测目标，并在一定程度上自主决定行走路线，在障碍物周围独立工作。无线电信号在火星与地球间往返一次最长需要25分钟，因此从探测车发现有问题的障碍物到它接收到地球发出的避开指令，很有可能需要一个小时：在火星上做决定要快多了！目前正在进行的研究包括表面测绘、岩石组成的分析、火星大气和磁场的研究。

火星之所以呈红色，是因为它的表面覆盖着一层尘埃。它弥漫在空气中，把天空染成橙红色。尘埃由各种各样的赤铁矿组成——与红色铁锈或砖红色氧化铁相似。这种矿物通常形成于水中，且在火星子午线台地区域发现大量存在的迹象。“机遇号”探测车怀揣火星曾经存在丰富水源和生命的想法，于2004年登陆火星进行探索。“机遇号”发现了一片由液态水形成的赤铁矿小球体覆盖着的区域，颜色比正常红色略浅。在将“机遇号”拍摄到的

“好奇号”火星探测车在 2014 年拍摄的火星沙丘
© NASA/JPL-Caltech/MSSS

照片进行放大处理之后，“比正常红色略浅”的小球体呈“蓝色”：“机遇号”任务小组将这些小球体称为“蓝莓”。

火星的磁场很弱，磁场强度通常不到地球磁场的 1%。在北部低地的新地壳和又大又深的陨石坑以及活火山地区，火星磁场非常弱。而在南部高地那些没有受到巨大撞击或没有火山活动干扰的古老区域，火星磁场会略高。

地球磁场对地球生物日常生活的影响并不大，因此如果人们认为地球磁场无关紧要，也在情理之中。然而，火星微弱的磁场是这颗星球从温暖湿润变得干燥寒冷的原因，也是这颗星球从未出现生命，或者即使存在过，却从未像地球上的生命一样大放异彩的可能原因。

地球磁场主要来自内部“发电机”，由地核的铁水循环运动产生。磁场包围着地球及其大气层，甚至以 40 万千米的高度延伸到月球轨道之外的太空。受磁场影响的区域被称为磁层。火星的发电机，即磁化的古老岩石，也产生过这样的磁层（我们是在其古老岩石中发现磁性残留痕迹时才知道这一点的）。但是发电机消失了。

发电机消失的原因是火星液体铁核的循环运动停止

了。至今火星对这一秘密仍三缄其口。也许是因为火星核心很小，所以它很快冷却并凝结成固体。也许是因为火星的内部结构与地球不同，但无论地球内部循环运动的机制是什么，火星上都不存在。值得庆幸的是，相较于火星，地球的铁核更大，含有更多的放射性物质，而地核冷却的表面相对较小。虽然地核正在冷却，但它需要数十亿年的时间才能凝固，所以与我们这一代无关——少了一件我们需要担心的事情！

更古老的岩石周围的磁场是火星微弱、残余的磁场。火星磁场被锚定的岩石是在发电机消失之前形成的。这类岩石起初是磁化岩石，被火山活动或流星撞击加热（温度在几百摄氏度以上）后熔化并重新凝固，然后失去了磁性。这就是希腊盆地底部的岩石没有磁场的原因。它是火星南半球最大的陨石坑。

在发电机消失后，新近形成的岩石从未有过磁场。火星北半球的岩石较为年轻——它比南半球的丘陵更平坦、更低，显然是由最新的火山流和沉积物形成的。不管是什么原因，北半球的岩石是新近形成的，因此火星北半球的磁场特别弱。

当火星核冻结时，火星磁场减弱带来的影响改变了这个星球的命运。地球的磁层延伸到月球之外，保护我们的大气层不受太阳风——一股来自太阳的带电粒子流的影响。相比之下，火星缺乏这个保护层。它的磁场很弱，只延伸到南半球高 1,500 千米处。在最好的情况下，它的磁层屏蔽变得很强大，在距离火星地表很近的地方形成了某种防御。结果，太阳风带电粒子与大气层相互作用并带来了升温。火星大气层的空气分子被赶走，以超过 400 千米 / 秒的速度被吹入太空。

随着大气层的消失，火星表面暴露在紫外线和太阳粒子的辐射下，会给地表生物带来致命的影响。稀薄的大气意味着其大气压力不到地球表面的 1%，暴露在外的液态水难以在低气压下存在，而微弱的温室效应意味着在气温降至−140℃的极地地区，夜间会出现严重的霜冻。

这些发现让火星的生平浮出水面：它曾经是一个温暖而湿润的地方，拥有湖泊和被水淹没的陨石坑。它拥有浓厚的大气层和丰富的液态水、冰水。水在表面汇集，形成了平坦的黏土湖底。但当火星失去磁场时，情况急转直下。它的冰原和冰川都融化了，地面水积聚在冰坝后方。最终，这些冰坝也不堪一击地崩塌融化，释放出大量的液态水，随后蒸发。今天火星上大部分地区干燥而寒冷。

如果火星的磁层凭借天时地利存在，火星或许可以孕育出生命，甚至存在 H. G. 威尔斯设想的外星生物。如果一切成真，我们可能会面临一场真正的“世界大战”。但这一切都没有发生。不过，也存在这样一种希望，即早在诺亚时代就形成了某种原始生命，它们哪怕在火星如今的生态位环境中也可以生存下来。这将揭露火星一生的秘密！

# 第7章

# 火星陨石

## 子肖其父

## 火卫一和火卫二

- **科学分类：** 火星卫星
- **距离火星：** 9,377 千米、23,460 千米，分别是地月距离的 0.024 倍、0.061 倍
- **直径：** 22 千米、13 千米
- **公转周期：** 7.66 小时、30.3 小时
- **自转周期：** 同步
- **平均表面温度：** −40℃
- **秘密债务：** “我们只想到此一游，但我们造访火星时，它却为我们腾出空间并坚持要我们留下。”

火星有两颗形状不规则的小卫星，分别是火卫一（福波斯）和火卫二（得摩斯）——溃逃神和恐惧神[①]。1877 年 8 月，美国天文学家阿萨夫·霍尔在位于华盛顿特区的美国海军天文台发现了这两颗卫星。霍尔有意探索火星是否有卫星，恰好当时地球距离火星特别近，他意识到这个观测环境尤为有利。火星非常明亮，他尝试

① 福波斯和得摩斯是古希腊神话中战神阿瑞斯和爱神阿芙罗狄忒之子，分别象征溃逃和恐惧。

仔细观察其附近区域，希望能在强光下发现卫星。

8 月 11 日，霍尔在火星附近发现了一个微小的光点，他还没来得及测量位置，波托马克河的浓雾便滚滚而来，遮住了他的观察窗。为了利用一切短暂的清晰间隙，他干脆睡在天文台，但仍然一连几天无法工作。即使云层散去，附近的雷暴也使观测条件相当糟糕，而且火星成像非常不稳定，他什么也看不见。但到了 8 月 16 日，他再次发现了这颗卫星。霍尔满脑子充溢着这个发现，兴奋到忍不住说了出来：

> 此前，关于寻找火星卫星一事，我对天文台的任何人都只字未提，直到 16 日观测结束并准备离开天文台之际，也就是凌晨 3 点左右，我向助手乔治·安德森展示了这个天体，并将自己发现火星卫星的猜测告诉了他。但我叮嘱他，在我确定之前不要声张。他什么都没说。可这件事实在太美好了，我又忍不住说漏了嘴。8 月 17 日下午 1 点多，我在还原观察，纽科姆教授走进我的房间准备吃午餐，我将自己的测量结果给他看，结果显示火星附近的这个模糊天体跟随火星移动。

当天晚上，霍尔发现了第二颗卫星：

> 这颗内侧卫星一连几天都让我困惑不已。它会在同一个晚上出现在火星的不同位置。起初我以为有两到三颗内侧卫星，因为我当时认为一颗卫星围绕其主行星公转的时间（7 小时 39 分钟）少于行星自转的时间（24 小时 36 分钟）似乎不大可能。为了解开谜团，我在 8 月 20 日和 21 日的晚上连续进行观测，确定只发现了一颗内侧卫星。

对于火星卫星的奇怪行径，霍尔立马心领神会：

> 火星上的居民只需要稍加思考，便可明白这两颗卫星的奇观。因为内侧卫星的快速运动，西升东落的它会与外侧卫星相遇并擦肩而过，完成所有阶段需要 7 小时（即每个火星日两次）。

伊顿公学的教员亨利·马丹以《伊利亚特》第十五卷为资料来源，向霍尔推荐了卫星的名字，即代表外卫星的火卫二（得摩斯）和代表内卫星的火卫一（福波斯）：

玛尔斯[1]用双手捶着强健的大腿，愤怒地说："众神们，如果我前往阿开奥斯人的海船，为我死去的儿子报仇雪恨，请大家不要责怪我。哪怕我被宙斯用雷鞭击中，浑身血污地躺在死人堆里。"说罢，他命令溃逃神和恐惧神套车，自己忙着全副武装。

马丹家族用典故为三颗星体命名。亨利·马丹是牛津大学博德利图书馆的图书管理员福尔科纳·马丹的兄弟。11 岁的威妮夏·伯尼是福尔科纳的孙女，她建议以冥神普鲁托（见第 16 章）来命名冥王星：普鲁托是冥界的统治者，而冥王星离太阳很远，又冷又黑，正符合古希腊人对地狱的想象。

火星的两颗卫星都很小，但火卫一相对较大。它们有着酷似小行星的马铃薯状外观，而不是规则的球形。的确有一种起源理论认为，它们可能是因太靠近火星而

① 玛尔斯是古罗马神话中的战神，对应古希腊神话中的战神阿瑞斯。

被火星捕获的小行星。火卫一的轨道非常靠近火星（距离火星表面仅约 5,800 千米，而月球距离地球表面有 40 万千米），火星引力产生的引潮力把它拽向火星——它正以每百年 2 米的速度接近火星表面。火卫一有可能破碎成小块并形成火星环，也有可能在 5,000 万年后撞向火星。火卫一的生命将在这样或那样的瞩目事件中提前退场。

除了陨石坑，火卫二的表面平滑，覆盖着石粉和灰尘。火卫一表面的显著特征是一个直径约 9.5 千米的陨石坑。它被称为斯蒂克尼陨石坑，以阿萨夫·霍尔妻子的娘家姓命名。其附近覆盖着十来个沟槽系统。它们是从引导火卫一进入轨道的区域辐射出来的（如果把火卫一朝向火星运行的那一面看作一张脸，这个区域就是它的鼻子）。有一种理论认为，在斯蒂克尼陨石坑的撞击地点，滚落而下的巨石形成了这些沟槽。还有一种理论认为，一如结冰路面铺满的沙砾会划伤高速行驶的汽车前盖，卫星与绕火星运行的岩石之间发生多次碰撞并产生了这些沟槽。这些岩石可能是从火星表面喷射到太空中的。

通过这种方式产生的火星岩石碎块充斥着整个太阳系。其中有至少 100 颗以陨石的形式落到地球上。这一系列的小碎块受到小行星的撞击，从这颗红色星球的表面喷射到太空中。伦敦人用“子肖其父”的豁达表达形

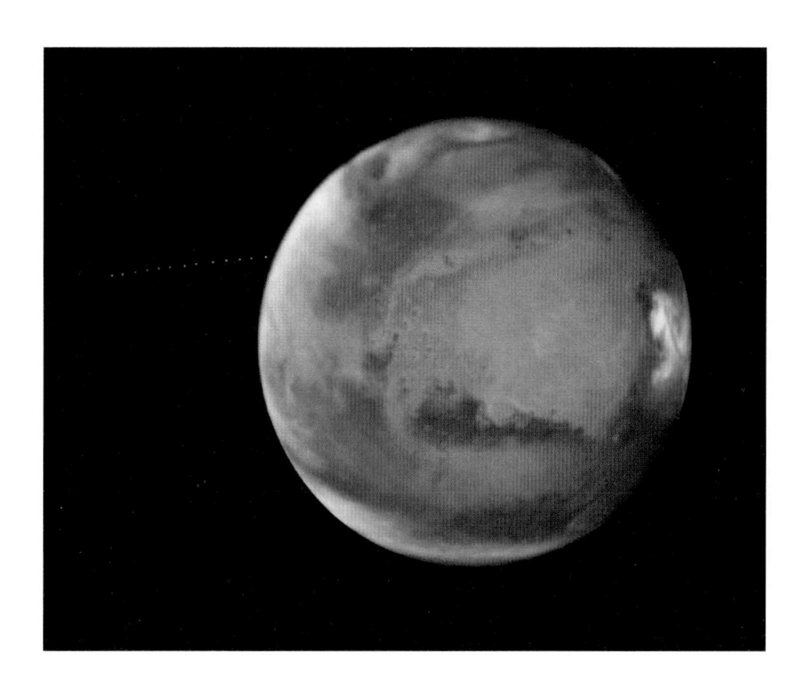

火卫一环绕火星的运动轨迹

容长相酷似父亲的孩子，这一表达恰当地描述了这些火星后裔。

1815 年 10 月 3 日上午 8 点 30 分，地球上第一块被观测到的火星陨石坠落在法国勃艮第地区的沙西尼附近，发出了枪林弹雨般的声音。它产生了烟雾般的痕迹。清晨的劳作者在附近的葡萄园工作，看到有物体伴随着嘶鸣声从云顶坠落，神似一闪而过的炮弹。（这次坠落发生时，法国刚结束了长达数十年的拿破仑战争；许多法国人都熟悉步枪和大炮之类的军事噪声。）果农跑过去一探究竟，只见开垦过的土地上有一个凹坑。他将石头收集起来时还很烫手，仿佛经过太阳直射。这些石头被证实是陨石。

1865 年 8 月 25 日，哈努曼・辛格亲眼看到第二颗火星陨石伴随着嘶鸣声坠落在印度比哈尔邦的谢尔戈蒂附近。在鸦片管理副官 T. F. 佩佩的帮助下，当地行政长官 W. C. 科斯特利取回了这块陨石。该地区是加工和转运鸦片的重镇，把周边农田种植的鸦片加工后运往中国。佩佩代表英国政府组织了这次交易。换句话说，我们对火星的了解在某种程度上要归功于政府对贩毒者的资助。

1911 年 6 月 28 日，第三场陨石雨降落在一片种满秋葵、黄瓜和草莓的农田里，其所在村庄就位于埃及亚

历山大港的纳赫拉附近。埃及地质调查局局长威廉·休姆将这些陨石收集起来。一名自称目击者的男子称其中一块陨石砸中了一条狗，并将其化为灰烬。如果这一广为流传的故事属实，这将是历史上地球生物被火星物体杀死的首次记录，也是迄今为止唯一的一次。遗憾的是，目击者所述的事件发生地点距离实际坠落地点远达 30 千米，日期也对不上。这个故事是生动想象力的夸张产物，而真相往往会毁了一个好故事。

这三颗火星陨石被归在 SNC 陨石大类下，SNC 即谢尔戈蒂、纳赫拉和沙西尼这三个城镇英文名称的首字母。

SNC 陨石从火星到达地球的故事是这样的。它们是人类在测量岩石中的放射性元素和寻找凝固岩石中存留的衰变产物时被发现的。其最近一次岩石熔融发生在 13.7 亿年前。与多数在 40 亿年前或更早以前凝固的陨石相比，SNC 陨石更年轻，这说明它们的起源异乎寻常。它们的化学成分与火星表面的岩石相似，其中一颗 SNC 陨石的玻璃状物质中含有气泡，而气泡所含气体与火星大气的确切成分相同。这证明了它们起源于火星上的熔岩场，是在 13.7 亿年前一次火山喷发后凝固而成的。

2 亿年前，一颗小行星撞击火星表面，喷出的大碎块多半形成了 SNC 陨石。而撞击也可能产生大量喷向太空的小碎块。火卫一正面的沟槽系统有可能就是这一事件或类似事件导致的。

2 亿年前被抛向太空的火星碎块在离开火星后成了太阳系的一颗小行星。1,000 万年前，它与另外一颗小行星发生碰撞后分裂成更小的碎块。这些四面飞溅的小碎片又在太空中盘旋了 1,000 万年，其中一些最近才坠落在地球上。

这个事件表明，太阳系各行星之间尽管相隔数千万千米，但它们并非完全相互隔绝。它们彼此交换物质。月球物质陨落在地球上，被称为月球陨石。地球上的物质也会被抛向月球："阿波罗 14 号"宇航员从月球表面带回的一块足球大小的岩石样本中，有一块约 2 克重的小岩块原本属于地球，该样本编号为 14321，又称"大伯莎"。一如地球和月球之间的双向交通，地球上发现了来自火星的物质，火星上也一定有来自地球的物质。当陨石撞击尤卡坦半岛近海的海底时，碎块从它造成的直径为 150 千米的陨石坑喷射到太空中，导致了无羽毛恐龙的灭绝。当陨石撞击到如今美国境内弗拉格斯塔夫附近的亚利桑那州高原并形成直径为 2 千米的巴林杰陨石坑时，其产生的砂岩碎块也同样飞入了太空。世界各国几乎都有陨石坑，它们喷射出来的物质穿梭在太空中，

彼此交织，推推搡搡，像极了参加联合国鸡尾酒会的外交官。

所以，或许你家窗台或花园里有一些土壤——只是一丁点儿——来自火星；你食用的胡萝卜也带有一丁点来自红色星球的土壤。而且，一如地球上星星点点散布着火星土壤，火星上也星星点点散布着来自地球的土壤。也许土壤里还含有有机体，是在我们星球的良好环境下培育起来的。最顽强的有机体可以在太空中生存，而当中最顽强的幸存者可以踏上星际之旅，意外落在这颗红色星球的宜居地带并生存下来，开拓火星。我们也许会喜出望外地发现火星生命，并证实它们来自地球。

# 第 8 章

# 谷神星

## 长不大的星球

- **科学分类**：矮行星
- **距离太阳**：4.14 亿千米，是日地距离的 2.77 倍
- **直径**：960 千米，是月球直径的 0.28 倍
- **公转周期**：4.6 年
- **自转周期**：0.378 天
- **平均表面温度**：−105℃
- **秘密抱怨**：“我本足以与行星匹敌，但是木星让我迟滞不前。”

和全球人民一样，我也在 2000 年 1 月 1 日庆祝新世纪和新千年的开始，尽管我知道庆祝的日子为时尚早——提前了整整一年。1 月 1 日固然是新年伊始，但是年份中 0 的数量让 2000 年的象征意义大于实际意义。确切地说，公元 20 世纪在 2000 年 12 月 31 日才结束，所以 2001 年 1 月 1 日才是 21 世纪的开始。

同样，准确来说，1801 年 1 月 1 日才是 19 世纪的第一天。一颗新行星的发现标记着新世纪的到来，人们普遍认为这是一个吉祥喜庆、积极向上的巧合。我们清楚欧洲即将踏上拿破仑战争的征途，面临长达十余年的

饥荒、疾病和经济动荡。当然我们都是事后诸葛亮。新行星被末日四骑士[①] 打败，乐观情绪被抛诸脑后。

不管怎么说，新行星的发现者是戴蒂尼会的修道士朱塞佩·皮亚齐。1 月 1 日下午，他穿上自己最暖和、最长的外套，前往西西里岛巴勒莫皇宫一座堡垒上的天文台。彼时的巴勒莫甚是繁荣兴旺，如果参考今天的意大利习俗，城里的富裕人家会在元旦那天去教堂祈祷，中午的盛宴很可能持续三个小时。夜幕降临，他们开始走亲访友，聊天、打牌、赌博。然而，皮亚齐并非其中一员。他和同伴帕勒米塔诺斯一起参加了上午的宗教仪式，但是整个下午都在为晚上的工作做准备。他必须站在天文台屋顶上的望远镜目镜前进行观察。他戴上自己那顶特别的观察帽，以免光秃秃的脑袋暴露在寒冷的夜空下：没有帽檐的帽子不会妨碍他的眼睛凑近望远镜。他还戴着暖和的观察手套，尽管末端露出了指尖，方便他调节望远镜的铜制装置。或许透过屋顶的空隙，他还能听到

① 《圣经·启示录》中的四骑士，传统上指瘟疫、战争、饥荒和死亡。

帕勒米塔诺斯在清冷的夜晚匆匆赶去拜访亲友和参加庆祝活动。相比之下，皮亚齐自愿参加的晚间活动更为清苦。他计划测量金牛座中部分恒星的位置。

利用法国天文学家尼古拉·路易·德·拉卡伊神父的天体目录作为资料来源，他重新测量神父记录的恒星并更新它们的位置。在这些天体附近，皮亚齐发现了一颗未被登记在册的星星——拉卡伊显然忽略了它。他对它的位置进行测量，并在接下来几晚进行验证：星星的位置是不固定的。

>……今年元旦傍晚，我对照拉卡伊先生的黄道带恒星目录寻找第 87 颗恒星和其他几颗恒星。然后我发现在它之前还有一颗，因此按照习惯对它进行观测，且考虑到它没有妨碍到主要观测。它的光线略暗，呈木星的颜色，但是与普遍认可的八大行星相似。因此当时我确信它的位置是固定的。
>
>我在第二天晚上进行重复观察，发现它的（位置）与之前观测到的不符，于是我开始质疑观测的准确性。然后，我对它是一颗新恒星的猜测也产生了强烈怀疑。第三天晚上，我的怀疑成真，这颗星星不是固定的。

"曙光号"探测器拍摄的第一张谷神星彩色地图

其位置变化表明它不是一颗“恒星”，而是一颗行星或者彗星，尽管皮亚齐没有观测到模糊的影子或尾巴。它近似圆形的轨道位于火星和木星之间，填补了太阳系的一个缺口。皮亚齐对其进行计算。他坚信自己发现了一颗新行星。他按照西西里的农业女神和守护女神的名字（塞尔斯），将其命名为谷神星。

奇怪的是，这颗新行星竟然如此暗淡。其他更遥远的行星都比它亮得多。它的体积应该很小，因此拦截和反射的阳光也很少。

为了提高对谷神星轨道的认识，确保它不会消失，它在接下来的一年里受到了密切的关注。1802 年 3 月底，德国不来梅的著名医生、敏锐的业余天文学家威廉·奥尔伯斯在反复观察谷神星及其附近的恒星时发现了一颗在 1 月以前没有出现过的星体。他测量了星体的位置，进行了两个小时的跟踪。它和谷神星一样，是一颗移动的星体。

奥尔伯斯发现了什么？“我对它有何看法呢？”他写道，“它是一颗奇怪的彗星，还是一颗新行星？我不敢妄下定论。但可以肯定的是，望远镜里的它不像一颗彗星；它的周围观测不到任何星云或大气的痕迹。”这颗新星体被命名为智神星（帕拉斯）。经证实，它与谷神星有着相似的轨道和亮度：两颗新发现的行星。的确，它们和其他行星相比要小得多，而它们应该被归为一个新分类。英国天文学家威廉·赫歇尔在 1804 年提出了“小行星”的概念。两颗类似的新行星在同一轨道上——这需要特殊的解释。奥尔伯斯提出了一种假设：也许曾经有一颗行星分裂成了两颗小行星。很快，存在两个以上小行星的可能性被提出，如果原来的行星分裂成三个——或四个！甚至更多！

事情很快变得明了，行星分裂出来的小行星不止两个。德国天文学家卡尔·路德维希·哈丁以家教为生，但他也是一名热情的业余天文学家，痴迷于发现新行星。他的坚持在 1804 年 9 月 1 日得到了回报：在奥尔伯斯曾预测的存在更多行星的区域，他发现了一颗新星体。这就是第三颗小行星，后来被命名为婚神星（朱诺）。

奥尔伯斯满怀热情地跟踪自己的猜测，他把研究重点集中在这三颗小行星的轨道交汇处，可能就是分裂发生的地方。1807 年 3 月 29 日，奥尔伯斯在同一区域发现了他的第二颗星体，也就是后来被命名为灶神星（维斯塔）的第四颗小行星。但他相信还有更多的小行星等待发现。

✶

奥尔伯斯的预感变成了现实，但事实证明，它基于的只是一个可信而不真实的想法。另一位德国天文学家约翰·胡特在1804年提出了现代小行星起源的主要理论：

> 我不希望这是最后一颗在火星和木星之间发现的小行星。我认为这些小行星可能和其他行星一样古老，火星和木星之间的太空行星质量可能已经凝结成许多小球体，几乎所有相同的维度都同时发生了星体液的分离和其他行星的凝固。

胡特的推测非常接近现代观点。固体小颗粒偶然碰撞并黏合在一起组成太阳星云，由此产生了小行星。它们发展到一定大小时会成为“星子”，这时候的质量大到可以吸引彼此和附近的其他小块，这一过程被称为“吸积”。但是木星引力对其周围的小天体有很大的影响。它搅动星云物质。因此如果星子把物质吸引过来，木星会给予这股力量一个推动力，这样物质会流过星子，而非被吸积。谷神星就是在此类环境下能够生长的最大星子。

因为谷神星的大小和小行星一样，所以它的引力足够将自己拉成一个近似球体的形状。它是碎石堆积起来的——是单独星子的松散聚集。但物质会逐渐沉降和固结。这给谷神星形成球体的过程带来两个影响。在第一过程中，当谷神星与流星相撞时，山上的岩石被震下山顶，沿着斜坡滚下并落入底部的凹陷处，较大的山丘逐渐被夷为平地。在第二个过程中，谷神星的内核足够大，放射性元素的衰变必定导致其内部产生相当多的热量。热量保存在谷神星的外层，像一条厚厚的毯子。谷神星的温度升高，部分岩石被熔化。含铁量高的矿物等较重的物质会下沉，而较轻的物质会浮上来。结果谷神星"分化"成具有不同矿物特性的球体层。它具有富含金属矿石的岩石内核和冰质的地幔层。谷神星是"碎石堆"在足够大的情况下自发形成的。

如果不是木星抑制谷神星在其周围增加更多的星子，它本可以发展为一颗类地行星。然而，木星强大的引力搅动了星子，抑制了这一过程。受木星不怀好意的影响，谷神星停止了"进食"。它成功发展为一颗不成熟的行星，却无法迈出最后一步，无法壮大发展到能主宰其轨道附近的所有小型天体。

尽管谷神星是一个成长停滞的案例，可它的确成长

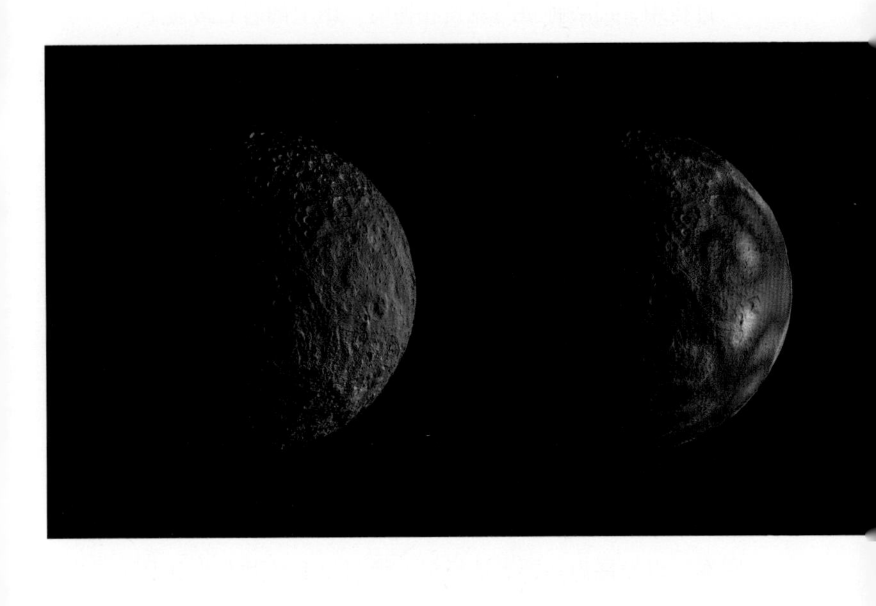

谷神星，右图显示了其引力场的变化
© NASA/JPL-Caltech/UCLA/MPS/DLR/IDA

为一颗所谓的“矮行星”。虽然形状近似球体，但谷神星因无法吸收同一轨道上的所有星体而与完整的行星状态失之交臂。和彼得·潘一样，谷神星从未长大。

目前已知成千上万颗小行星。直径大于 1 千米的小行星约有 200 万颗，大于 100 米的小行星约有 2,500 万颗。约有 75 万颗小行星编录在册。为什么小行星的数量如此之多？“因为大型小行星的数量一开始就有很多。”众多小行星被限制在太阳系的一个区域内，碰撞在所难免。大型小行星彼此间的碰撞产生了碎块，形成了不计其数的小行星。

因此，如今的小行星多种多样。有些来自原始的星子——一种从未长大的原太阳星云物质，可以说它们是死胎。有些是像谷神星这种发展停滞的行星。有些是频繁造访太阳的彗星，它们所含的冰都升华成了气体，直至耗尽，仅留下岩石物质：死去的彗星。最多的也许是大型小行星的碎块，它们碰撞并碎裂成小行星，像昔日战斗中受伤的老兵。

太空探测器已经对大型小行星进行了充分的研究。也有大量前往其他目的地的太空探测器飞掠而过。不过第一个特地造访小行星的航天器是美国国家航空航天局的“NEAR 舒梅克号”，它于 2000 年情人节进入爱神星轨道，并于2001年在其表面着陆。日本航空航天局开发的“隼鸟号”探测器在2005年到达丝川。日本航空航天局开发的第二个探测器“隼鸟2号”于2018年降落在龙宫。2011年至2012年，美国国家航空航天局的“曙光号”小行星探测器绕灶神星运行，并于2015年到达谷神星。美国国家航空航天局在2016年发射了“奥西里斯王号”探测器，它目前位于贝努小行星。如果一切进展顺利，它将在2023年返回地球时带回其表面样本。

虽然谷神星要跻身行星之列力有不逮，但它仍是最大的小行星。它是一颗被冰层覆盖的岩质行星，直径约950千米，自转一周需要9小时。一张来自“曙光号”探测器的照片展示了一个类似月球的世界。它的表面有流星撞击留下的大量陨石坑，也有许多明亮斑点，其中一部分有时看起来更模糊。这种时不时的模糊表明谷神星仍处在地质活跃期，间歇释放气体、火山灰或灰尘。

“曙光号”探测器最令人称奇的发现是明亮斑点其实是白色的天然盐沉积物，主要由碳酸钠构成，通过地壳内部或下方的盐水泥浆到达地表，这是古代海洋的痕迹。这些数据表明谷神星表面下可能仍有液体，部分地区的水源可能来自一个深层水库。在厄奴泰特陨石坑区域内

发现了大量有机分子。有机分子中含有碳元素。它们是形成生命的特定分子，尽管它们的形成方式并非一成不变。富含碳的化合物与岩水相互作用产生的矿物（例如黏土）密切混合。从谷神星内部渗透出来的这些沉积物是很久以前在海洋内部形成的。

灶神星的直径为 530 千米，比谷神星小得多。它不像谷神星那样接近球体——灶神星的表面引力不足以使其跻身矮行星的行列。哈勃空间望远镜在灶神星南极附近发现了遗漏的巨块，经“曙光号”的近距离观测证实，那是两个重叠的巨大陨石坑。其中一个陨石坑是新近形成的。

在大小为 10 千米且拥有相同运行轨道的小行星家族里，灶神星是最大、最亮的。虽然先前奥尔伯斯提出的关于谷神星和智神星的论证被证明有误，但是它表明了灶神星家族的确有血缘关系：近代史上发生过的一次灾难性事件将某一天体分裂成许多碎块。有确凿证据支持这一说法。这次撞击产生的小块碎块不时落到地球上，成为 HED 陨星。这种陨石与灶神星有关，是因为“曙光号”探测器测量到的灶神星表面成分与其相匹配。HED 陨星指一类与众不同的陨石——古铜钙无球粒陨石（Howardite）、钙长辉长无球粒陨石（Eucrite）、奥长古铜无球粒陨石（Diogenite），这些矿物都存在于灶神星上。

根据自然推理，流星和较小的小行星都起源于一颗大流星和灶神星的撞击，灶神星的碎块四处分散，砸出了大陨石坑。

谷神星一直很幸运。在过去的 40 亿年里，与它发生碰撞的只是周围的弱小邻居，没有强大的对手。灶神星也很幸运，但幸运程度比起谷神星还是略微逊色。它确实遭受过一两次大型碰撞，但最终幸免于难。其他小行星就没有这么走运了。遭受猛烈撞击后的小行星崩落成碎块。碎块太小无法形成球形，而是呈现锯齿、尖角或不规则的形状。如果它们来自碰撞前小行星的核心，其碎块组成就是铁和其他重金属；如果来自外地幔，其碎块组成则是石头。

这两种支离破碎的小行星碎块有时会落到地球上，形成不同种类的陨石。它们主要分为两种：铁陨石和石陨石。铁陨石来自破碎小行星的层化核心。相对于它们的大小，其密度大得惊人。石陨石是最常见的类型，曾

绰号“黑美人”的火星陨石
© NASA

经是层化小行星外壳的一部分。它们看起来与其他石头颇为相似。铁陨石落在地球上数千年后会形成黑色表面，很容易辨认出来，特别是在岩质沙质沙漠。

陨石是收藏家们追逐的目标。在进行切割和抛光后，其展现出来的内部矿物通常很美丽。它们由各种矿物质形成，因此具有技术上的吸引力。还有一些罕见的类型如果为自己独有，将羡煞旁人。它们具有一种浪漫的吸引力：手捧一块陨石，想象着它的诞生和它环绕太阳系的漫长历史，这是何等令人着迷。它们的魅力吸引陨石猎人不断搜寻和转售。他们集中在据报道发现过大量陨石的地方进行搜寻，以期找到一些碎块。他们踏遍大片沙漠，搜寻那些难以发现的陨石。这也许是最有价值的寻宝活动：最昂贵的陨石可以卖到 50 万美元以上。

陨石猎人可以在沙漠平原寻觅和收集铁陨石，比如澳大利亚的纽拉博尔或南非的卡鲁。一个陨石猎人乘坐滑翔机，在低海拔区域向下俯瞰，寻遍了大片地区。因为和其他材料混合在一起，石陨石在这些地方更难辨认。然而，这两种陨石在雪地里都更容易被辨认出来。这就是为什么南极大陆成了陨石猎人最喜欢的地方。

对收藏家来说，陨石的来源增加了另一维度的潜在吸引力——也许是一次大规模的宇宙碰撞，是在太空中

孑然一身的 10 亿年，是一场坠落地球的熊熊烈火，是在白雪皑皑的荒原上逝去的千年。当我凝视手中的陨石时，我想象着一种生命，它与宇宙的时间尺度相比，如萤火虫般短暂：虽然转瞬即逝，但更宏伟，也更壮观。

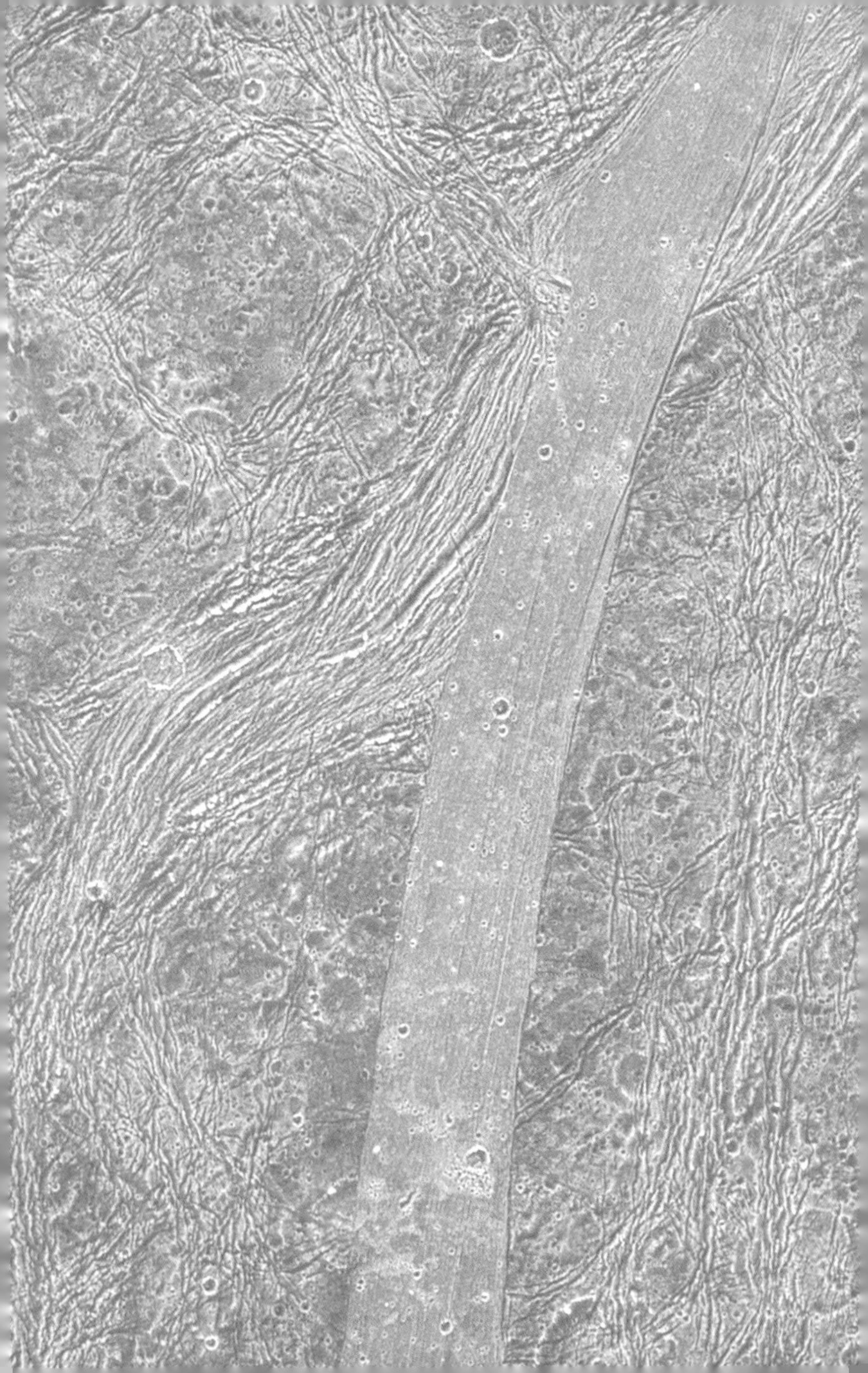

# 第 9 章

# 木星

## 铁石心肠

- **科学分类：** 气态巨行星
- **距离太阳：** 778.6 万千米，是日地距离的 5.2 倍
- **直径：** 142,984 千米，是地球直径的 11.21 倍
- **公转周期：** 11.9 年
- **自转周期：** 9 小时 55 分钟
- **云顶的平均温度：** −110℃
- **内心控诉：** “虽然我在太阳系拥有至高无上的统治地位，但我无法获得片刻安宁——那场风暴让我在过去 450 年里头痛不已，而那些恼人的彗星也一直在戳我。”

木星以古罗马众神的统治者（朱庇特）为名，相当于古希腊主神宙斯。它是所有行星中最大、最重要的。古人可能不清楚它的大小，仅凭亮度（木星最亮时仅次于金星）和威武的步伐就把它和主神联系在了一起。

尽管木星的质量与太阳相比相差甚远，但它对太阳施加的引力却足以牵引太阳与之共舞，使其无法在太阳

系的中心保持固定不动：木星与太阳围绕它们之间的一点旋转，这一点位于太阳表面附近。如果银河系中有外星天文学家，那他们可以通过测量太阳 12 年的活动周期来了解我们的行星系统，至少能了解木星。

木星被云层覆盖。因为它很亮、很大，而且云层随着木星变幻莫测的气候每时每刻都在快速变化，所以哪怕只用经济实惠的小型望远镜观测云层，我们也能收获颇丰。许多业余天文学家都通过这样的方式毫不费力地密切观测云层。在视野的另一端，有一种奇异的物质完全隐藏在木星的云层之下。无论是字面意思还是引申义，这种物质在科学知识的边界上都是模糊的。宇宙中已知存在这种物质的地方是木星和土星——至少有充分的证据表明它的存在。一小群志趣相投的科学家还在尝试解开这种物质的奥秘。

木星出生并生活在太阳系的雪线之外。太阳系诞生于由缓慢旋转的气体、冰块和固体尘埃组成的云团。初生的太阳融化了离它最近的云层冰块，使其升华为气态。截至目前，太阳的增温作用也只局限在一定范围内，而冰块仍然存在于太阳系的外围区域。“外围区域”指雪线以外的区域。

“雪线”这一术语源自地理学，雪线之上的山脉终年寒冷，积雪永不融化。在天文学中，它指的是行星系统中的结冰物质不会被主恒星融化的地带的轨道。在这条轨道之外，木星、土星、天王星和海王星这类巨大的行星诞生于46亿年前，它们不仅吸收未汽化的冰，还吸收氢和氦这类最轻的气体。从136亿年[①]前宇宙诞生最初几分钟开始，这些气体便出发前往这些行星，经历了长达90亿年的旅程。

氢和氦这两种最轻的气体是目前宇宙中最丰富的物质。此外，在离太阳较远的雪线周围，当时的太阳星云含有大量这些物质。这两种气体聚集在行星上会使其变大。这就是木星、土星、天王星和海王星遇到的情况。这类行星的科学描述是“气态巨行星”，这一术语不言自明。

木星主要由氢和氦组成。它本身没有固体表面，因此将其归为“类地行星”是不妥的。木星硕大无比——其体积是地球的10倍，质量是地球的300倍。它的自转速度非常快——每9小时55分钟自转一圈，是自转速度最快的行星。正因如此，木星看起来大腹便便，好似一位饫甘餍肥的君主：其赤道明显凸出，而两极扁平。它的赤道半径比极地半径长4,600千米。

---

① 原文如此，现在普遍认为宇宙诞生于138亿年前。

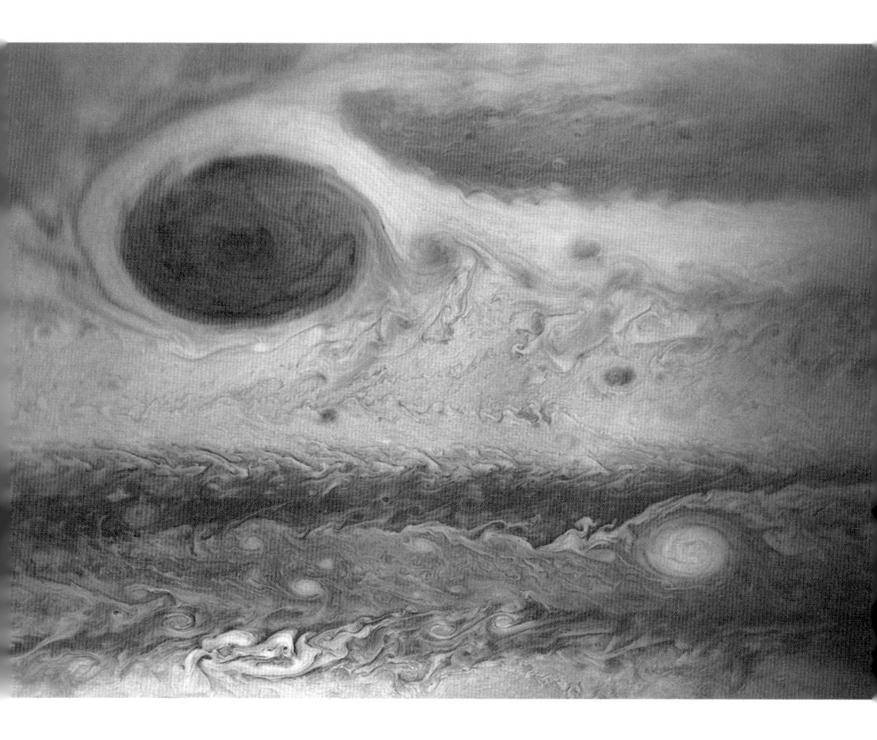

木星“大红斑”

如果木星的质量是现在的13倍，它将成为一颗恒星，尽管会是一颗相当微弱的褐矮星。恒星能在其炽热、稠密的内部通过核反应产生热量。如果木星是一颗普通恒星，它可以通过燃烧氢实现这一点。如果是褐矮星，它可以燃烧氦。但这两者木星都没有做到，所以它不是恒星。

木星可能是统治太阳系的行星，但它的力量是有限的。若称其为掌权者，木星更像战时首领：银河系里有更强大的力量。

从云顶向内，木星的氢气和氦气越来越稠密，变成了液体。木星的核心是一个高密度的岩石内核，质量可能是地球的10~50倍。在这两者之间是一个密度逐渐增大的包括了氢气、氦气等气体的区域，或许还混合了岩石和冰块成为一种泥泞的冰状混合物；在靠近木星中心的地方会逐渐变厚。

木星大气层顶端漂浮着五颜六色的云彩，沿着纬度线排列在明暗交替的区域中。带纹是交替上升和下降的大气气体。水滴和奇怪的化学物质颗粒将云层染成红色和黄色。这些化学物质的来源颇具争议性。一般而言，相较于较暗的云层，较亮的云层似乎更高，因此颜色必定产生于木星内部。

这种颜色的出现就好似木星的脸是因充血而涨得通

红，而不是因为阳光的化学作用而被晒得黝黑。

发生在 1994 年的一次宇宙事故，将某些化学物质带入了我们的视野。舒梅克–列维 9 号彗星碎裂成 20 多块碎片撞向了木星。这些碎片飞掠木星却又被拽了回去，在两年后接二连三地坠入了木星大气层。这些碎片坠入大气层的速度极快，导致坠入点暂时性地形成了一个中空。大气层下的气体涌了上来并喷薄而出，如同喷泉里的水。喷出的气体呈弧形流下云顶。云层下的深色化学物质因此显现，例如硫、二硫化碳、氨和硫化氢。较亮云层上的深色斑点会持续好几个月。

硫化氢有一种臭名远播的臭鸡蛋气味：小孩子会用它制造臭气弹。其他化学物质也具有强烈的气味，如硫氢氮化合物。换言之，木星的味道并不好闻。

大红斑是木星云层的标志。它呈椭圆形，东西长 24,000～40,000 千米，南北长 12,000～14,000 千米。这个椭圆可以轻松容纳整个地球。大红斑是一场巨大的风暴，一个高压反气旋，远高于周围的云层。乔瓦尼·卡西尼在 1665 年首次发现了它的存在，直到 1713 年，这个“永久斑点”一直备受天文学家的关注。但在 1830 年之前的那一个世纪里，没有人观测它；我们不知道它当时是否销声匿迹，也许只是模糊不清，被大家忽略罢了。

不管历史上它的去向如何，大红斑从那时起就一直在那里——它是所有风暴之母，并且可能已经存在了 350 年。

根据古典神话，任何惹恼朱庇特的人都会被其掷以雷电。“旅行者 1 号”和“旅行者 2 号”探测器在 1979 年飞过木星时发现了这颗行星的闪电现象。回望木星的暗面，它们看到闪电在巨大的雷暴中照亮了云层。“伽利略号”探测器在1997年证实了它们的发现。和地球一样，云顶之下约 100 千米处的潮湿云在木星大气的液态层相互摩擦，产生了闪电。

木星云顶的磁场比地球强大 14 倍。木星磁场和地球磁场一样起源于内部的循环运动。但木星主要由氢构成，并不是铁，这是怎么一回事呢？虽然木星的内部结构尚不明确，但目前“大多数人买账”的理论是木星内部从约 20,000 千米处到岩石内核都是由“金属氢”构成的。1935 年，后来获得诺贝尔奖的美国物理学家尤金 · 维格纳和当时还在求学的希拉德 · 贝尔 · 亨廷顿对这种形态奇异的氢提出了理论预测。氢气在极度高压下压缩形成了这种气体。气体分子被迫排列成类似晶体的晶格，和

铁、铜等金属一样导电。

在实验室条件下制备金属氢是物理学的圣杯之一。虽然有几人声称自己制备了小样本，但并非人人相信他们的说法。制备样本所需的压力已经达到地球的压力极限，甚至更高。到目前为止，金属氢仍是一种停留在理论研究阶段的物质。放眼宇宙，科学家能利用更多理论对金属氢的特性和秘密进行探索的地方，仅有气态巨行星木星和土星。

在距离地球6亿千米的行星上深入7万千米进行科学研究显然不切实际。但是宇宙实验室比地球更为极端，往往处在人类想象力的边缘。宇宙充满了奇异现象，科学家能加以利用并对难以企及的环境进行探索。这种情况下，高压是关键条件。而半径7万千米的行星必须有内部高压支撑——这一区域的压力是地球大气压力的100万倍！

金属氢产生的磁场构成了木星的“磁层”。它好比一个瓶子，既能阻挡太阳的带电粒子，又能留住木星产生的粒子。粒子在内部快速移动，在磁层瓶壁上反弹，产生了无线电波——先驱射电天文学家在1995年确定的射电源最早就包括了木星等天体。木星有很强的极光现象，这是由带电粒子沿磁力线急速下降并撞向两极附近的大气造成的。太阳带电粒子无法推动磁层瓶，它们无法穿过环绕木星的强大磁场并靠近它。然而，磁场通过环绕两极向上延伸到太空中。在木星两极，带电粒子可以沿着极地磁场的通道撞击大气层。而太阳粒子受地球吸引撞击大气层，形成了一片名为“极光椭圆”的环形区域，这是极光最为活跃的区域。

地球上的极光椭圆大小不一，其半径范围约 10~20 纬度，长 2,000 千米。它以磁极为中心。在北方，磁极位于现在的北冰洋上空，距离加拿大最北部的艾尔斯米尔岛不远。极光椭圆一般横跨挪威北部、格陵兰岛南端、加拿大–美国边界、阿拉斯加和俄罗斯的北极海岸。如果你想去看极光，这些都是最佳地点。（世界气象监测网提供太空气象服务，通过预测极光活动和地点来推广极光旅游，你可以通过它更细致地了解和选择地点。）如果以木星云顶的纬度表示，木星的极光椭圆大小和地球上的一样，但是如果以千米为单位进行计算，它是地球的 10 倍，所以这个巨大的椭圆相当于整个地球。

木星极光椭圆的独特之处在于它涵括了木星四大卫星的特征：木卫一、木卫二、木卫三和木卫四。当卫星绕木星旋转时，它们与木星的磁场相互作用。每颗卫星都被一种大气层包围，物质会喷射到太空中，比如木卫

一的火山喷发物。因此，每颗卫星都向木星的磁层输送带电粒子。这些粒子直接沿着磁场运行到木星云顶，并在碰撞的地方形成极光黑斑。这些黑斑围绕磁极旋转，它们在轨道上旋转时会在卫星下方留下足迹。

木卫一是木星磁层的主要来源。木星的无线电辐射会根据木卫一喷发物质的活跃程度爆发。但是无线电波的强度也取决于木卫一在木星周围的位置，因此它的变化与木卫一的公转周期相同。

木卫一在极光椭圆中留下的足迹最亮，其他三颗卫星的足迹相对较弱。木卫四是距离最远的卫星，因此它的极光足迹最弱；而且它出现的地方会叠加在极光椭圆的明亮部分上，这让人困惑不解。木卫一很难观测，直到 2018 年，我们在仔细搜索哈勃空间望远镜拍摄的存档图时才发现了它的踪迹。

在地球上很难观测木星两极。尽管哈勃空间望远镜在太空中，但是它位于距离地球表面不远的轨道上，所以并非观测极光椭圆的最佳视角。“朱诺号”探测器上有一个专门研究木星极光的仪器，它于 2017 年进入木星轨道。它发现木卫三留下了两个极光足迹，两者相距 100 千米。在木星的四颗卫星中，木卫三是唯一拥有磁场的卫星，它留下的两个足迹与磁层的形状有关。

太阳系的木星常被用来与其他行星系统发现的类似行星进行比较和对比。现在我们已发现大约 1,000 颗像木星这样大的行星。其中约一半与主恒星之间的距离与木星相似，而另一半则是距离更近、温度更高的“热木星”。过高的温度导致它们不断蒸发。因为会超出雪线，所以它们不可能是在现在所处的位置上形成的。它们在某种程度上会向内迁移，远离寒冷——显然是在寻找温暖。就这一点而言，系外木星可以作为太阳系木星的模型，有助于我们了解木星早期的一切秘密。

早期行星系统的两种相互作用可能导致了木星的移动和温度升高。最早的是木星与行星诞生时遗留的气体和尘埃盘之间的相互作用。随着行星的发展，它能在圆盘之间打开缺口或在圆盘上形成浓聚物。任何因此产生的不对称都会使木星偏离轨道，并发生迁移。一些热木星向内迁移了很长的距离，并竭尽全力靠近它们的恒星，就好像我们的木星靠近太阳一样。在太阳系，木星也做过同样的事情，但它的旅程很早就停止了。

木星的第二次迁移发生在木星完全形成之后，它与周围数量巨大的星子相互作用。星子在巨大的行星之间到处移动。木星可能会与其中一些近距离接触并将其逐出行星系。它们在被抛出时给了木星一个后踢，导致木

星逐渐向内移动，靠近太阳。根据尼斯模拟（见第2章），太阳系的木星和土星就发生过这种情况。

虽然木星是行星之王，但它无法完全掌握自己的命运。木星在动力学上对太阳系的影响仅次于太阳，但太阳系会对木星产生反作用。在王室里，君主的权力要高于其他成员，但是除了最专制的统治者，君主都受制于朝臣行为产生的力量。每颗行星都有自己的个性和生活，但它们在一起组成了一个行星系统，这就好比一个社区中的某些成员比其他人更具影响力，而木星就是某些成员的一个代表。

# 第 10 章

# 伽利略卫星

## 火、水、冰、石的同胞

## 木卫一、木卫二、木卫三、木卫四

- **科学分类：** 木星卫星
- **距离木星：** 422,000 千米、671,000 千米、1,070,000 千米、1,880,000 千米，分别是地月距离的 1.09、1.75、2.78、4.90 倍
- **直径：** 3,650 千米、3,120 千米、5,270 千米、4,820 千米，分别是地球直径的 0.286、0.245、0.413、0.378 倍
- **公转周期：** 1.77 天、3.55 天、7.15 天、16.7 天
- **自转周期：** 同步
- **平均温度：** −155℃
- **暗自不平：** “这些行星比我们卫星更引人注目，但我们也丰富多彩，而且我们比大多数行星更热情友好。”

哪怕只是用一副双筒望远镜，你也可以观测到木星的四颗主要卫星。因为它们围绕主行星（而非太阳）旋转，所以它们不是行星，但它们的确是类行星。它们的直径在 3,000~5,000 千米，最小的比月球略小，最大的比水星略大，并且都与类地行星相似。

三姐妹和一个兄弟组成了一个光怪陆离的家庭。虽然是同胞手足，但卫星之间也不尽相同。它们与木星一起构成了一个微型行星系统，而且它们被认为与木星形成于同一时期，与太阳系的形成方式大致相同。它们本质上也是由岩石构成的；但有一个例外，由于它们在太阳系中位置较远，这意味着它们保留了从太阳星云中积累的原始冰。水和冰在它们的生活中占据了相当大的部分，尽管其中一个正在经历火山喷发。

我们在地球同一轨道平面上看到有四颗卫星围绕木星旋转，所以在我们看来，它们似乎是排成一列在两侧来回移动，有时从木星面前经过并在其云顶投下阴影，有时则匿影藏形，或藏在木星身后，或躲在阴影里。它们的公转周期大致在一天到两周之间，所以你会发现它们的位置每晚甚至每时每刻都在变化。当它们进入木星的影子时，就会发生“卫星食”，它们的光线在几分钟内逐渐变弱，直到“最后一丝”光线熄灭。

从地球上观测，这些卫星只是光点。但随着四个太空探测器的造访，我们对它们的结构也有所了解。“旅行者 1 号”和“旅行者 2 号”探测器于 1979 年飞掠木星。1995 年，“伽利略号”探测器首次进入木星轨道，并在随后 8 年里进行了大量观测。2016 年，“朱诺号”成为第二个访问木星轨道的探测器。这些太空探测器揭示了木星卫星的地貌：其中一个是火山沙漠，其他则是由岩石、冰山和冰冷海洋组成的南极大陆。

1610 年头两周，伽利略利用他的新望远镜发现了这四颗卫星，因此它们被称为伽利略卫星。第一天晚上，他观测到三颗星体，其中两颗在木星的一侧，另外一颗在另一侧。第二天晚上，他又观测到了三颗星体，但它们都在木星的同一侧。他起初认为这是三颗星体的偶然排列，而位置的变化是由木星在这三颗星体间的运动造成的。接下来几晚，他又只观测到两颗星体，但也有几晚观测到了四颗。

伽利略起初认为这四颗星体是在同一直线上前后移动的。它们是如何穿过木星的呢？伽利略突然恍然大悟，意识到这四颗“星体”是木星轨道上的卫星。这是一个令人吃惊的发现，因为它推翻了所有天体都围绕太阳运行的理论。事实上，卫星围绕木星公转是行星围绕太阳公转的一个范例，正如哥白尼在 1543 年提出的理论。

虽然伽利略将四颗卫星简单编号为Ⅰ、Ⅱ、Ⅲ和Ⅳ，但还是将其视为一组。他把它们称为“美第奇之星”，希望凭此得到 17 世纪托斯卡纳大公科西莫二世·德·美第奇的赞助。他的计划如愿了——科西莫任命伽利略为他

木卫一
© NASA/JPL/University of Arizona

的哲学家和数学家，并提供了一笔薪俸。但是，其他天文学家不喜欢用赞助商的名字来命名星体，因此拒绝了伽利略取的名字。按照神话故事中朱庇特的情人（男女皆有），它们后来被命名为艾奥、欧罗巴、加尼美得和卡里斯托。

木卫一（艾奥）是距离木星最近的卫星。木卫一的整个表面覆盖着黑色岩石，混合着黄色、橙色和红色的硫磺，形态各异，就像一幅中世纪的地狱图。其表面几乎没有陨石坑，这表明它的表面很年轻，且地质作用消除了早期形成的陨石坑。然而，木卫一的表面坑坑洼洼，像一张长满痤疮的脸。这些坑洼不是流星陨石坑，而是火山喷口和熔岩流，位于比地球任何地方都高的山脉间，有的冷而坚硬，有的热而流动。这是一个火山地貌。在我的想象中，它就像加那利群岛拉帕尔马岛和夏威夷大岛的火山地貌——我曾在那里的天文台工作过几年。地面由凝固的光滑土丘、黑色的熔岩和松散的锯齿状岩石构成。因为火山爆发，那里的地面被砸出一个大坑，一堆又一堆的黄色或橙色火山灰暴露在外。依旧活跃的地区有蒸汽和含硫气体的喷口，炽热的熔岩从底下渗出。

作为距离主行星最近的卫星，木星强大的引潮力使木卫一受到挤压和拉伸。木卫一因为内部这种不断重复的摩擦加热，最终岩心熔化，形成了约 400 座火山。其中一些颇为活跃，它们将熔岩喷射到 400 千米的高空。

“旅行者 1 号”探测器的导航工程师琳达·莫拉比托发现了木卫一上的火山。在飞船飞越木星卫星系统的过程中，莫拉比托的任务是识别导航相机拍摄图像中的星体、确定飞船的位置并实时修正飞船的轨道，避免它与其他天体发生碰撞。随后，为了更精确地重建轨迹，这些图像会被加以分析，作为行星表面拼接图像的基础。在邂逅的尾声，探测器准备离开木星及其卫星之时，在它们身后出现了一颗特殊星体，它对保证导航过程的准确性至关重要。这颗星体很暗，因此她必须先“拉伸”图像来增加对比度，才能进行观察。她注意到，未经加工的图片上有一些不显眼的东西。那是某种巨大的云状物，就在木卫一的表面。“云状物”在木卫一表面呈心形。

她发现的就是如今被命名为佩蕾（以夏威夷火山女神的名字命名）的火山灰云，而心形形状就是火山本体，以及它的斜坡、喷射物和熔岩流。“我预感自己看到了前所未见的东西。”莫拉比托回忆道。当天晚饭时分，她心满意足地告诉父母，她发现了地球之外的第一次火山活动，这是史无前例的。

木卫一略大于我们的月球。它略呈椭圆形（形似橄榄球）。木星的引潮力锁定在指向主行星的长轴上，因此，和所有伽利略卫星一样，木卫一始终以同样的面孔注视着木星。其无冰（大概是火山的热量蒸发了所有的水分）的岩石表面覆盖着硫磺：它的颜色由形态各异的硫磺呈现。火山喷射物形成了稀薄的大气，并进入木星磁层。这些火山产生的熔岩流长达数百千米，是地球近期火山喷发产生的熔岩流的数百倍，将早期的沉积物推挤到更深的通道里。大量的火山活动在木卫一表面形成了约 150 座山脉，其中最高的山脉比珠穆朗玛峰还高。

木卫一的生活充满了压力。尽管被木星的引力场牢牢控制，但木卫一的身体从未休息过。它总是断断续续地发热、流血和扭曲，就像希罗宁姆斯·博施[①]笔下的人物。

木卫二（欧罗巴）是距离木星第二近的伽利略卫星。与火热的木卫一形成对比，木卫二是一个被冷冰覆盖的

---

① 在荷兰画家希罗宁姆斯·博施的作品里，地狱的入口通常被描绘成一个怪物的嘴，火焰和烟雾从偃角喷涌而出。

球形世界，光滑似台球。木卫二几乎毫无特色。只有近期陨石坑几乎凹陷的痕迹打破了单调的白色和平坦的景观。冰块碎裂成一块块浮冰，矿化水从缝隙中飞溅而出，四处溢动，把表面染成一张红色的蜘蛛网。红色的痕迹是水分蒸发后留下的沉淀物。

木卫二看起来像个停滞不前的世界，但其冰冷的表面下仍很活跃。1 千米厚的冰块漂浮在大约 5 千米深的咸水海洋上。海水被底下的地热能加热。当浮冰挤在一起时，它们在表面形成了一座座几百米高的冰山。这里的地形类似加拿大北部或西伯利亚海岸附近的北极海冰。

木卫二上的水资源总体上要多于地球。在未来的航天任务中，着陆器可能会降落并试图穿越冰层，或许可以利用放射性探测器融化冰层，然后沿着融水而下。这个调查任务对探测器来说是自寻死路，因为它上面的融水会重新结冰，并将其封住。但它可以发现什么呢？木卫二的静水很深，当穿过冰层下表面时，人们很乐意想象穿透而下的探测器灯光照耀外星海洋生物，拍下它们在迷宫般的浮冰下游泳的样子。

木卫三（加尼美得）是伽利略卫星中最大的，实际上也是太阳系中最大的卫星。虽然它的质量只有水星的一半，但是它的体积比水星大。木卫四（卡里斯托）是

木卫一和木星云层，摄于新千禧年之初（2001 年 1 月 1 日）
© NASA/JPL/University of Arizona

太阳系第三大卫星，几乎和水星一样大，但是质量是水星的三分之一。这意味着它们的密度比由岩石和铁构成的行星小得多。这两颗卫星一定混合着更轻的物质。这种更轻的物质就是水——液态水和冰。

与月球和水星一样，木卫三和木卫四的岩石表面也遍布坑洼。它们的外观和月球相似，尤其是木卫三。其表面主要由两种地形组成：约三分之一的黑色是带有许多陨石坑（而且十分古老）的地形，另外三分之二的颜色是浅色的，没有那么多陨石坑（因此相对年轻），其特点是凹槽和山脊交织。

木卫三颜色较浅的地形就像月海，这是由表面低海拔地区被内部上涌的熔融物淹没造成的。区别是上涌的物质不是熔岩，而是被小行星撞击导致的融水。类似地，木卫四的部分表面位于被严寒冻结的涟漪或波纹中。

木卫三有一个能产生弱磁场的铁核心，但是木卫四没有。它们最大的秘密是几组论证都指出两颗卫星的岩石表面之下是咸水海洋的液态水。木卫三底下的海洋可能有 1,000 千米深，所容纳的水和木卫二的海洋及地球上的海洋一样多，甚至更多。木卫四的海洋只有几百千米深。和木卫二的海洋一样，这些海洋里可能有生命在游动。

相较于火星，在伽利略卫星上发现生命的可能性更大。

# 第11章

# 土星

## 指环王

- **科学分类：**气态巨行星
- **距离太阳：**1,433.5 万千米，是日地距离的 9.54 倍
- **直径：**120,536 千米，是地球直径的 9.45 倍
- **公转周期：**29.5 年
- **自转周期：**10.2 小时
- **云顶的平均温度：**−140℃
- **秘密借口：**“我曾和一颗卫星谈过恋爱，但后来分手了。至少我得到了一枚戒指。”

古罗马以时间之神萨图恩为土星命名，他与古希腊强大的克洛诺斯是同一神祇。他的名字是“精密记时仪”一词的来源。作为古人知道的最遥远的星星，土星的移动速度最慢，这让人们把它与奥林匹斯山的时间之神联系在一起。

一系列关于这颗行星最显著特征——它的光环的秘密，在 400 年间接二连三地被揭开。但即使到了现在，它仍有一个惊天秘密，即让土星环成形的那一激动人心的事件。

土星环在太阳系中并不是独一无二的：所有气态巨行星的周围都有环——木星、土星、天王星和海王星。事实上，有 3 颗小行星的周围也有环——女凯龙星、喀戎和妊神星。通过蛛丝马迹，人们在过去 50 年里逐渐发现了这些环。它们是难以观测到的细线，也许是破碎的小天体围绕主星体旋转。相比之下，土星环系统是迄今为止太阳系里最出众的，当然也是最复杂、最美丽的。土星环引人注目的外表可以被解读为它们对自身重要性的宣示。

自 17 世纪伽利略将望远镜对准这颗行星以来，土星环就广为人知：虽然他在有生之年无法观测到它们的形状。伽利略在观察土星环的 10 年间，因为望远镜不够清晰而无法揭示它们的真实形状，因此他对自己的观测结果百思不得其解。

1610 年，伽利略将自己看到的东西描述为手柄，好似土星是一个有两个把手的马克杯，比如钟情酒杯[①]。随

① 钟情酒杯是一种左右对称的盛酒器具，通常有两个把手，多用于宴会。

着木星卫星的发现，他将土星圆面的延伸解释为离土星较近的大卫星："我观察到最高的行星（之于他，土星是最遥远的行星）是三体的。让我大感惊奇的是，我观测到的土星并非一颗单独的星体，而是三体行星，它们几乎彼此碰撞在一起。"

两年后，他惊讶地发现卫星消失了。"面对如此出乎意料的情况，我不知作何评价，太意外、太异常了。"谈到古典神话里克洛诺斯可怕的杀婴和食人事件（让人联想起戈雅那幅描绘疯狂的克洛诺斯吞噬其子的可怕绘画[①]），他反问："土星也吞噬了自己的孩子吗？"

1616年，他发现了一个更为复杂的形状："这两位同伴不再是两个规整的小球体……而是更大，且不再是圆形……这是两个中间呈黑色小三角形的半椭圆，两个椭圆都与始终呈现规整球形的土星中心相连。"

1656年，荷兰天文学家克里斯蒂安·惠更斯解开了土星不断变化的外观之谜。"手柄"实际上是一个平坦倾斜的圆盘，位于行星的中心。和伽利略发表关于金星相

---

① 指《农神吞噬其子》，西班牙浪漫主义画派画家弗朗西斯科·戈雅的名作，是其晚年"黑色绘画"系列中最为著名的一幅，以阴暗恐怖闻名。农神即罗马神话中的萨图恩，对应希腊神话中的克洛诺斯，他为了防止儿子们夺权斗争将他们全部吃掉。

土星及其卫星
© NASA/JPL-Caltech/SSI

的发现一样，惠更斯以字谜的形式发表了自己的发现，但他并没有在这方面花太多精力：aaaaaaa ccccc d eeeee h iiiiiii llll mm nnnnnnnnn oooo pp q rr s ttttt uuuuu。他后来解释为：“（土星）有环围绕，环薄而平，没有一处与本体相连，而与黄道斜交。”（Annulo cingitur, tenui, plano, nusquam cohaerente, ad eclipticam inclinato）

土星环与土星轨道面和地球轨道面的倾角是 27 度，正是这一事实导致了土星环外观的改变。正如伽利略 1612 年报告的那样，当地球和土星环处在同一平面时，极薄的土星环侧向地球，看起来仿佛消失了。当土星环位于最大角度时，土星的成像被土星环拉长为椭圆，这正是伽利略在 1616 年观测到的。

随着望远镜的改进，天文学家们能够辨认土星环的内部结构：环缝。最大的环缝是乔瓦尼·多梅尼科·卡西尼在 1675 年发现的。它把土星环分离为我们熟知的 A 环和 B 环。在近距离特写中，我们发现了更多被或宽或窄的环缝隔开的环。每个环按照发现顺序用字母标记。土星半径约为 60,000 千米，距其最近的是 D 环，就在距离土星中心约 70,000 千米的上空不远处。被卡西尼环缝（以发现者名字命名）分开的 A 环和 B 环是最亮、最宽的光环，分别位于距离土星 135,000 千米和 90,000 千米

处。在 A 环和恩克环缝（德国天文学家约翰·恩克并没有发现这个环缝，这是为了纪念他用其名字命名的）之外是 F 环，距离木星 140,000 千米。这些环都有相似的外观，让人觉得它们似乎有共同的起源。

起初它们被认为是一个薄而宽的整体，就像一张黑胶唱片。随着越来越多的环缝被发现，土星环被认为是一组同心环。然而，在 1848 年，法国科学家爱德华·洛希证明，无论何种形状的大型固体结构都不可能在离土星如此近的轨道上存活下来。它们会在土星的引潮力下瓦解。这意味着离土星最近的结构受到引力的影响最大，而离土星最远的结构受到引力的影响最小。如果外部引力大于其内部牵引，瓦解就会发生。

离行星越近，结构受到的瓦解力就越大。“洛希极限”指固体卫星无法生存的距离。1992 年，舒梅克-列维 9 号彗星闯入这一极限，因此粉碎成了 20 多个碎块。洛希极限大约是行星半径的 2.44 倍，所有主要的土星环都在这个极限内，包括最外侧的 F 环。1857 年，苏格兰物理学家詹姆斯·克拉克·麦克斯韦指出，土星环是由围绕土星独自运动的大量小颗粒构成的。

这些光环非常薄——最厚也只有 1 千米，有些只有 10 米。相对土星的直径，将这些光环比作黑胶唱片其实夸大了它们的厚度。要掌握正确比例，唱片厚度必须薄于一张纸。“环缝”并不是一片真空，而是一块粒子相对较少的区域。实际上，土星各环本身就是由无数小缝和小环组成，如同黑胶唱片上的凹槽和条带。这些环由直径 1 厘米到 5 米大小（从鹅卵石到大石块）的颗粒构成，主要成分是水冰和微米级的尘埃。数以百万计的颗粒争夺着空间。无数次的碰撞将较大的颗粒磨成粉末，增加了灰尘的数量。

土星有 60 多颗大小不一的卫星，有的直径不到 1 千米，有的比水星还大。由于土星环是由无数小碎块组成的，有推测认为卫星和土星环粒子之间可能存在过渡带。卫星和粒子之间的区别很难界定：一定存在很多直径小于 1 千米的卫星没有被识别出来。

无论顺行还是逆行，多数较大的土星卫星都会在倾角较大的轨道上运行：这些可能是被土星意外俘获的卫星和小行星，它们在不同情况下以随机方向接近土星。但是有 24 颗卫星和土星环在同一平面、沿同一方向围绕土星运行，其中一些卫星位于土星环系统之内。阿特拉斯、达芙妮和潘神是离土星较近的 3 颗较小的卫星。阿特拉斯的轨道靠近 A 环的外边缘，达芙妮在 A 环内的基勒环缝中运行，潘神在 A 环内的恩克环缝中运行。

土星卫星在控制土星环方面起着至关重要的作用：它们将土星环上的单个粒子从某些轨道拉向另一些轨道，从而把粒子区分为环和环缝。这个过程被称为“放牧”。这些粒子就像被牧羊犬赶上特定路线的绵羊。

有时候，卫星会以略偏心的轨道穿过土星环，将粒子从一边拉向另一边，清除部分环缝。潘神就是以这样的方式“放牧”的：潘神即牧羊人之神。其直径只有 30 千米，却清除了 325 千米宽的环缝。

1985 年，美国天文学家杰弗里·库兹和杰弗里·斯卡格用理论推测后发现了潘神，有关这颗卫星的推测基于库兹在美国新墨西哥州阿尔伯克机场中途停留时的一项发现。库兹当时在翻看“旅行者号”探测器拍摄的照片。在微眯着眼端详恩克环缝的特写时，他发现这个环缝的边缘呈波浪状。他意识到，这些波浪状的边缘可能是某颗小卫星在环缝中运行的结果。当卫星经过环缝边缘时，它会受到引力的牵引，进入一个更偏心的轨道。随后，它会在轨道顶端与正在沿近圆轨道运行的粒子发生碰撞。这便形成了波浪状的图案。

土星北极的飓风
© NASA/JPL-Caltech/SSI

和同事杰弗里·斯卡格回到美国国家航空航天局的艾姆斯研究中心后，库兹计算了波浪是如何形成的、卫星的大小至少为多少、它会处在轨道上的哪个位置等问题。在堆积如山的印刷照片中寻找卫星图像来佐证这一理论，实在颇为冗长乏味——眼见为实。但 5 年之后，也就是 1990 年，"旅行者号"拍摄的 30,000 张照片以光盘形式发布了。

库兹曾与同事马克·肖沃尔特致力于探索这颗尚未发现的卫星的轨道。肖沃尔特编写了一个计算机程序来浏览这些档案，识别并列出所有在特定时间和特定地点看到的卫星照片。在离家上班的某个早晨，他表示自己要查看完所有照片并找到卫星。最终——找到了——他成功了！

正如潘神打造了恩克环缝，达芙妮打造了基勒环缝，阿特拉斯打造了 A 环，"放牧"现象在土星环系统很普遍。

2017 年，"卡西尼号"拍摄了阿特拉斯、潘神和达芙妮的特写照片。它们的形状很奇特。潘神和阿特拉斯的照片是最清晰的。它们的形状有点像意大利小方饺，中间是一个被凸起的赤道脊包围的白色、光滑球形物体，对应小方饺挤压的边缘。虽然这么说也许有点不近人情，但是它们看起来像极了体态丰满的芭蕾舞演员身上的芭蕾舞裙褶边。

这 3 颗卫星很可能是在土星环较厚的时候形成的，那时物质从各个方向聚集并形成球形结构。土星环变薄的时候会形成环缝。残留的物质雨点似的打在卫星赤道上，这就形成了赤道脊。潘神和阿特拉斯不太重，所以这些物质没有发生高速碰撞：它们像雪花一样堆起一堵墙。卫星引力也无法随着时间的推移拉平赤道脊，因为它俩的密度都不大——平均密度还不到水的一半。这和新积雪一样，是中间有缝隙的冰晶堆积。潘神和阿特拉斯的构成物质相似。

土星的卫星土卫一也非常活跃地通过一种略微不同的机制来维持土星环的结构。它的直径是 200 千米，公转轨道离土星不远。卡西尼环缝中的微粒围绕土星运行的速度恰好是土卫一公转速度的两倍，微粒的重复作用使其偏离了轨道。这制约了 A 环和 B 环中的粒子填满卡西尼环缝的趋势。位于 C 环和 B 环交界处的粒子也处在类似情形中，它们围绕轨道运行的速度是土卫一的三倍。普罗米修斯是另一个卫星“牧羊人”，它位于 F 环的内缘。

土星环上的小石子充斥在土星周围，其数量相当于

用来证明空间是如何被行星及其卫星系统产生的引力填满的粒子。如此不可思议的数量值得天文学家继续探究。引力理论已有300年历史，在土星环的分析问世之前，每个人都认为自己搞清楚了其微妙之处。然而，土星环的行为会揭示更多的秘密。

另一个复杂情况是“旅行者1号”在B环上发现了几乎呈放射状的黑色“辐条”结构，其长度约为8,000千米，宽度为2,000千米。它们在几分钟内形成，随土星环旋转，并在数小时内消失；它们也会在数年间来来去去。这在某种程度上也许与土星轨道有关。辐条形成的原因不明，但似乎是受静电影响聚集并固定的灰尘。

而最大的秘密是土星环的起源，我们至今仍无法确切了解这一秘密。根据洛希的研究，人们认为这些粒子是一颗和土卫一大小相仿的卫星瓦解而成的，这颗卫星因太靠近土星而被其引潮力分解。也有一些人认为土星环与土星一样古老，是它诞生过程的一部分。第三种假设是一颗彗星因与火星发生碰撞而瓦解，从而形成了土星环。这可以解释土星环的物质构成。

“卡西尼号”提供的一条线索表明土星环诞生事件相对较晚。在执行任务的最后几天里，这个探测器在土星环下盘旋进入土星大气层，这就是所谓的“壮丽终章”。

在主要任务期间执行这项工作计划的风险太大，因为探测器可能与一颗在土星环外走失的岩石发生碰撞。在距离土星最近的 B 环内部巡航时，“卡西尼号”遭遇了一场意料之外的由冰和从土星环落到土星上的其他简单化学物质组成的“暴雨”。土星环在迅速消失，这表明它们并不古老。

土星与木星相似，但它没有木星大，离太阳更远，温度更低。因此，土星本身就是一个更平淡的存在，它的气象和风暴都更少。它的结构与木星相似，拥有一个岩核，被金属层、液态氢层、氢气和氦气层包覆着。土星上的氦气看起来比木星少，我们认为这是氦气沉入云顶之下无法被观测到，并非真的少于木星。与木星一样，土星的云顶因化学物质呈现淡黄色：氨气结晶被认为是造成这种颜色的原因。其他化学物质包括乙炔、乙烷、丙烷、磷化氢、甲烷、氢硫化铵和水。还可见黄色的带状阴影，以及不易观测的圆形漩涡和风暴。

土星的自转速度略慢于木星，形状也类似椭圆。土星核的旋转周期为 10 小时 33 分，通过测量固定在核上

土星北极的六边形云层
© NASA/JPL-Caltech/SSI

的磁层的无线电辐射的循环特性可得。土星的风速在太阳系中是最快的，它会影响云顶的视旋转速度。两极附近的旋转周期（10 小时 40 分钟）和赤道附近的旋转周期（10 小时 15 分钟）差异巨大。

尽管土星的轴向倾角是 27 度，与地球相似，但是土星的气候和气象系统的湍流不像木星与太阳距离那么明显。大概是因为土星与太阳的距离是木星与太阳的距离的两倍，因此其温度相对较低。因此，土星云顶的气象变化不及木星明显。在这方面，观测土星的趣味性大打折扣。它平淡无奇的外表也有一个例外——土星有一个大白斑，这一名字夸大了这一现象，使其听起来与木星的大红斑一样重要。它大约每 30 年出现一次，相当于一个公转周期。土星北极朝向太阳时会触发它的出现。还有一种情况，在 2004 年，“卡西尼号”探测器发现了一个令人费解的旋涡状云团，称为“龙形风暴”。它产生了大量无线电波，这些无线电波被认为是一场大雷暴的雷击产生的。

土星大气层有一个独一无二的特征，人们在太空时代之前对此一无所知。因为当时难以从地球上观测土星的两极。直到 1981 年“旅行者号”的近距离观测，空间科学家们才在土星北极看到了一个奇特的六边形云层；

2006 年“卡西尼号”探测器证实了这一发现。这是太阳系独有的一个特征。六边形的边长约 14,500 千米；其面积可以轻松覆盖地球好几次。人们曾用各种颜色的滤镜在各种情况下拍摄土星北极的图像，都能看到六边形。重要的是，不同的颜色来自土星大气的不同深度。如果呈现全貌，六边形看起来有几百千米高。关于六边形的传说有各种解释，但迄今为止仍未有定论，其精确的几何形状的成因仍是土星不为人知的秘密。

关于这个新发现的结构的争论揭示了人类对太阳系进行太空探索的原因之一。气象科学的发展已足以让人类预测地球的大气——它的天气和气候。但其他行星的大气以新的方式挑战了气象科学并推动其发展，人类希望借此实现新的认识深度，转而对地球气象学进行补充，赋予其更大的范围和准确性。正如人物传记能帮助我们洞察人性，将他人行为引以为鉴一样，行星秘史也能帮助我们洞察这个世界及其对我们的影响。虽然空间科学家观察和研究太阳系其他行星的一生，但他们内心深处考虑的，仍是我们自己的星球。

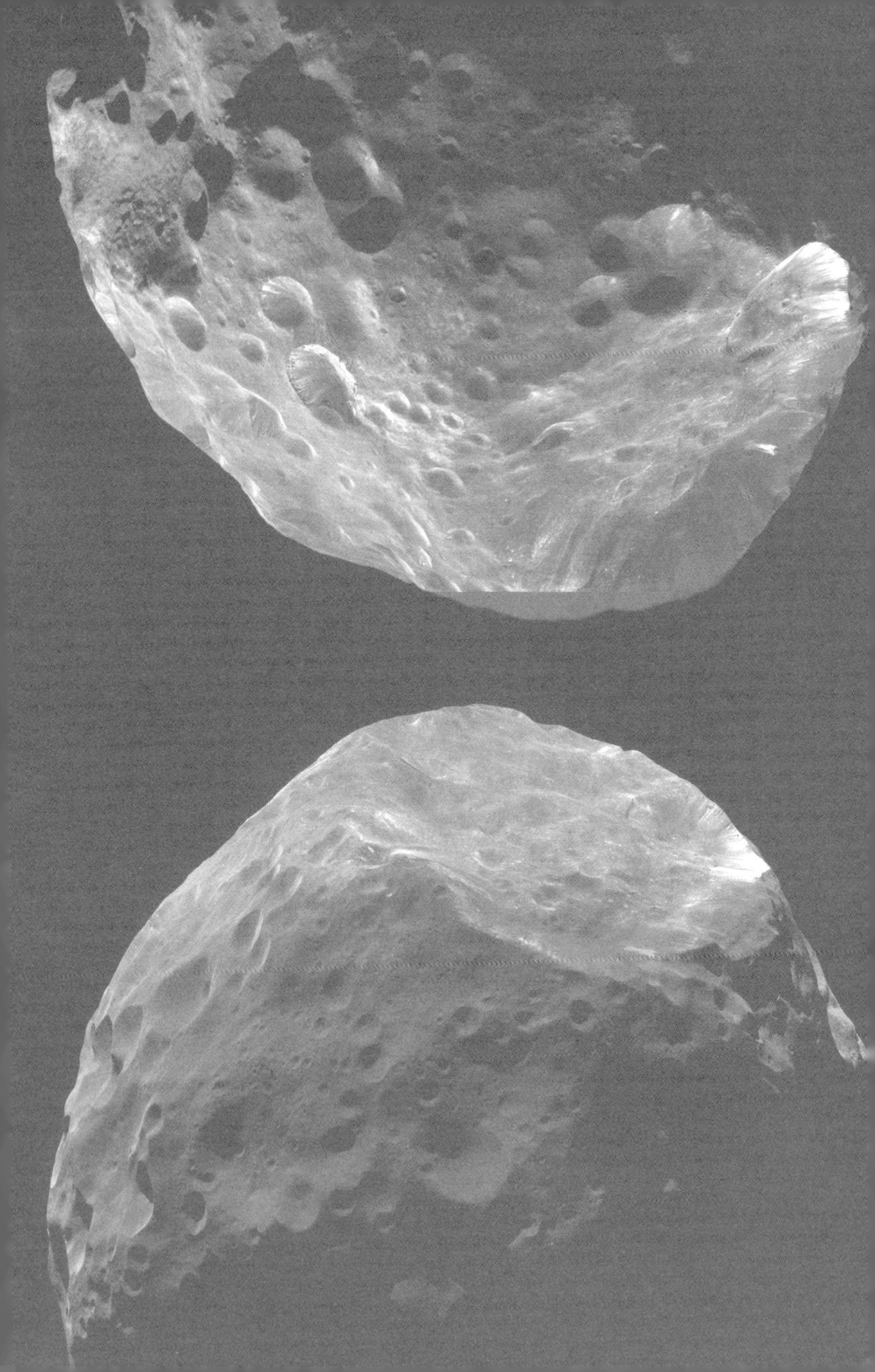

# 第12章

# 土卫六

## 滞生状态

- **科学分类：** 土星卫星
- **距离土星：** 1,221,850 千米，是地月距离的 3.27 倍
- **直径：** 5,150 千米，是月球直径的 1.48 倍
- **公转周期：** 15.9 天
- **自转周期：** 同步
- **平均表面温度：** −180℃
- **秘密计划：** “只要我能找到能量，总有一天我会为附近一带注入生机。”

研究银河系的天文学家可以通过观测遥远天体追寻它们的光辉岁月。光以有限速度传播，从银河系发出之后，要经历一段时间才能到达地球。遥远的银河系在光束发出之时的面貌便通过光呈现给了天文学家。如果某星系距离我们很远，那么这个时间可能更漫长。因此，天文学家研究银河系的各个阶段几乎是家常便饭。这就和生物学家通过在学校里研究儿童、在商场里研究购物者、在养老院研究老人来推断人类衰老的方式一样。距离把城市里的社区隔开，相当于光年隔开宇宙中的星系。利用时间跨度，天文学家可以追溯宇宙 90% 的岁月——

约 120 亿年。

而在另一方面，研究行星的天文学家就很不走运了。太阳系行星以地球的角度来看很遥远，但从天文学角度来看则不然。光从土星到地球只需要 1 小时 20 分钟，知道这个星球 1 小时前的面貌对了解其历史无济于事：考虑到土星的年龄是 46 亿年，1 小时压根算不上什么。

从某种意义上讲，天文学家可以通过研究土星了解过去的岁月。土星位于太阳系外围，受到太阳的引力作用很弱，光线也很昏暗。因此，土星的温度很低。而且，在距离太阳如此遥远的地方，小行星的数量较少，移动速度也较慢。总而言之，那里的状况要单调一些。严寒之下的化学反应也不那么活跃，较弱引力下的碰撞发生得更少、更慢。假设太阳系外围有一个类似地球的世界，那它在进化上也可能不如地球先进。它可能与刚形成不久的地球——甚至与生命进化之前的地球相似。

虽然天文学家无法真的穿越到远古时代一窥地球旧貌，但幸运的是，太阳系提供了一个机会，让我们了解地球过去的样子。这一机会就是土星的卫星土卫六。通过发射无人航天器到土卫六，天文学家们打破了时间限制并穿越到了过去：回溯生命起源。

1979年的“先驱者11号”和1980年至1981年的两艘“旅行者号”航天器短暂飞掠了土星及其卫星。1997年，美国国家航空航天局和欧洲空间局的“卡西尼-惠更斯号”土星探测器在美国佛罗里达州的肯尼迪角发射升空，踏上探索土星系统之旅。到达土星后，探测器一分为二。“惠更斯号”探测器则降落在土星最大的卫星土卫六上，而“卡西尼号”探测器在2004年至2017年期间往返于土星及其卫星之间。这一探测任务改变了我们对土星的认识，堪称史上最成功的行星探测任务之一。它开阔了我们的视野，让我们在荒芜之地看到了生命进化的可能性。

那晚，我在肯尼迪角航天站观看了“卡西尼-惠更斯号”的发射。我站在发射台附近的排水管道旁。不远处的竖直河岸上，一只短吻鳄眨巴着眼，盯着我。它的眼睛在月光下炯炯发光，当它在泥里打滚时，喷溅到背上的河水让它的鳞片闪闪发光。泛光灯下，当时美国最强大的泰坦IVB/半人马座运载火箭矗立在发射台上。台上是1,000吨的重型机械和2,000千克的20世纪精密太空技术的结晶。在发射台附近的一个安全掩体里，任

从四个方位（东、西、南、北）在土卫六表面五个不同海拔处获取的图像
© ESA/NASA/JPL/University of Arizona

务控制员正在倒计时，准备将这艘宇宙飞船送到遥不可及的地方。事实证明，它将要到达的地方与我相隔数亿年。如果土星系统存在生命，它一定更远古，更甚于短吻鳄之于我。伴随着机器的轰鸣声和燃料燃烧发出的耀眼光芒，火箭拔地而起，在大西洋上空划出一道弧线，升入太空。我等待了 7 年，才等到它到达土星，做出它的第一个发现。

土卫六只比木卫三小约 100 千米，但比水星大。如此大的它保留了浓厚的大气层，是唯一拥有大气层的卫星：其他卫星如果有大气层，也只是脆弱且暂时的。在地球上，透过望远镜观测到的土卫六是一个平淡无奇的球体，只有单调的云顶。探测器头几次飞掠时无法穿透大气层，也观察不到任何表面特征。盘旋在卫星表面，它们观测和研究的是土卫六稠密的大气，它在太阳的照射下呈现为一片橙色浓雾。土卫六的大气层厚度近 1,000 千米。

土卫六大气的主要成分是氮气，但也有少数甲烷（1%~5%，取决于大气高度）、氦气、氩气和其他碳氢化合物。浓雾是一种由煤烟状颗粒组成的烟雾，是由太阳紫外线照射甲烷产生的。

土卫六大气中持续存在的甲烷具有重大意义，因为阳光会在 5,000 万年内将整个大气转化为其他碳氢化合

物。甲烷一定来自土卫六本身：一个巨大的储层、火山口，甚至可以是生物活动。

土卫六的表面温度是−180℃，大气压力是地球表面的 1.5 倍。甲烷在这种条件下被液化。土卫六一定是“潮湿的”——不是因为水分，而是因为液态甲烷。其潮湿的表面在“卡西尼-惠更斯号”抵达之前一直不为人所知。行星学家想知道整个星球是否都是潮湿的：一个被甲烷海洋覆盖的球体？岩石间遍布池塘和湖泊？和沼泽一样湿漉漉？这些观点在“惠更斯号”设计期间都得到了详细讨论：答案显然会影响探测器的存亡。讨论直到“惠更斯号”抵达才结束。土卫六的秘密直到它着陆的那一刻才被揭开。

“卡西尼号”背着“惠更斯号”前往土星，随后降落在土卫六上。飞赴土星的旅程长达 7 年，“惠更斯号”大部分时间处于休眠状态，每 6 个月会短暂苏醒进行健康检查。制造这样一个可以在太空中储存 7 年并按需行动的设备，简直是人类的非凡成就。着陆器将通过降落伞降落到目标地点，这一用具必须紧密折叠才能装进飞船。

那么，降落伞可以及时展开吗？“卡西尼号”由一台放射性发电机供电，但“惠更斯号”只有电池。电池必须尽可能减少消耗，才有足够的电量提供给机械操作（土星的阳光甚是微弱，太阳能电池板也是徒劳）。这些计算机必须用软件编程，进行比平时更多的测试，因此在离开地球的时候已经过时了。在降落的时候，有没有熟悉该计算机语言的任务控制员来执行必要的变化？事实上，设备制造人员会不会在场，告诉控制员如何运作设备、解决突发情况呢？答案是肯定的，这要归功于美国国家航空航天局和欧洲空间局在计划和指挥这项任务时遵循的项目原则。

2004年圣诞节，“卡西尼号”成功抵达土星。通过引爆固定着陆器的螺栓和释放推动着陆器进入太空的弹簧，它和“惠更斯号”分离。接下来的两周，“惠更斯号”朝着目的地前进，随后降落在土卫六上。着陆器的科学有效载荷由电池供电，大概可以持续3个小时。在缓慢下降的过程中，着陆器进行了两次测量，确定了土卫六的大气构成和其他数据。降落伞下的着陆器像钟摆一样摆动，在风中缓慢旋转和飘移。它的下降过程是完全自主控制的。用无线电请求地面控制人员做出任何决策都是徒劳，因为无线电波传回地球并收到答案至少需要3个小时：问题早就自行解决了。

着陆器上的摄像机记录了下降过程中的景象。它朝着多岩石的海岸线驶去。那里有一片与山丘毗邻的平坦平原，被一片排水沟切断——河流。“惠更斯号”会降落在海岸线的哪一端？它会落在山丘上，翻倒在谷底吗？它会在平地上安全着陆吗？平地的组成是什么？它会降落在平滑的岩石表面吗？它会落入湖中，从视线里消失，或者被流沙吞没吗？“惠更斯号”探索土卫六的首个任务就是与它进行接触。着陆器下方有一个细细的探测器，可以延伸并探测着陆地点的硬度——其设计过程也颇有争议，有人认为它可能会扑通一声掉在地上，也有可能重重摔倒或嘎吱作响。

它降落时发出了温和而沉闷的撞击声，尽管没有人听见。着陆地点相对平稳，但不是液体。表面既不坚硬牢固，也不柔软蓬松；它略微具有可压缩性，像少量积雪或潮湿的沙滩。着陆器的重量让它下沉了几毫米。当着陆器最终降落时，一块小卵石被压进了它脚下的沙子里。

着陆器上的摄像头记录了着陆点的周边区域，向“卡西尼号”发回了一张照片，最终传回给了地球。画面显示圆石顺着河流滚入河口湾，最终流向潮湿的沙滩。某种程度上讲，这张照片平淡无奇，在地球上每条河流分开的泥滩上，这一景象都再普通不过。人们可能会在节礼日散步时兴致勃勃地去游览一番，但如果要度过一个慵懒的假日，这样的景色实在不够吸引人。但这张酷似地球的照片背后确实有地球上无迹可寻的东西。照片里的河流是液态的甲烷，而不是水。在土卫六上，由液态甲烷构成的雨水降落在山丘上，随后汇聚成河流湖泊，托起干涸的甲烷湖床上的浮冰。

土卫六的表面被烟雾缭绕的浑浊大气层遮挡，但随着“卡西尼号”围绕土星运行并数次接近土卫六，它可以使用雷达穿透雾霾，探测整个表面。“惠更斯号”的着陆点是宇宙的液态水景观之一，是由形状不规则的小甲烷湖泊组成的镶嵌图案。再走一点便是一条流经陡峭峡谷地区的河流，长达400千米，深达600米。“卡西尼号”拍下的土卫六照片中，有一张是它在飞越其中一个湖泊时回望太阳的景象，展示了大气层中反射的晚霞。风力很强时，湖面上会缓慢翻滚着巨浪（土卫六或许是个冲浪的好地方）。随着卫星上的季节变化，湖泊会逐渐干涸，然后再一次蓄满湖水。“惠更斯号”在旱季着陆，这是幸运的时刻。如果它在错误的时间着陆，就有可能栽进湖里并沉没。

土卫六的大气层与地球过去的大气层一样，其大气

层和湖泊中丰富的碳化学物质被认为与地球生命诞生前相似。土卫六的原始大气层存在着生命的化学成分。但没有证据表明生命存在，尽管古生菌（类似原始细菌的有机体）或许生活在湖边。24 亿年前地球大气层中的氧气引发的大氧化事件，肯定没有在土卫六上发生。我们知道这没有发生，是因为氧气会与甲烷结合，使其从大气层中消失。或许未来的宇宙飞船会以无人机的形式探索土卫六，飞入大气层，在甲烷湖泊中寻找生命。那么，生命是否能在土卫六上存在，还是这颗星球在诞生的那一刻命运便已注定？

# 第 13 章

# 土卫二

## 古道热肠

- **科学分类**：土星卫星
- **距离土星**：238,000 千米，是地月距离的 0.62 倍
- **直径**：500 千米，是月球直径的 0.145 倍
- **公转周期**：1.37 天
- **自转周期**：同步
- **平均表面温度**：−198℃
- **引以为荣的奥秘**："虽然我看起来不近人情，但我一向古道热肠。"

土卫二是一个布满岩石和冰块的小球体，直径 500 千米。相较于大小，它的性质更引人注目。在某些方面，土卫二和木卫一是表亲。木卫一有火山，土卫二也有——不是喷射炽热岩浆的火山，而是喷射大量冰水的"冰火山"。冰水如雪花般降落，覆盖了半个卫星。土卫二是怀俄明州的黄石公园和科罗拉多州的滑雪胜地阿斯彭的结合。

伦敦帝国理工学院的米歇尔·多尔蒂领导的团队在一次偶然观察中发现了冰火山的存在。一位首席科学家领导的团队制造了科学卫星上的仪器，首席科学家负责

按时有效的交付，不仅要确保仪器性能保持正常，还要保证它不会给科学卫星的其他部分造成麻烦。多尔蒂是负责“卡西尼号”上用于描绘土星磁场仪器的首席科学家。探测器所及之处，仪器都会进行测量。2005 年，“卡西尼号”飞越土卫二的时候距其甚远，多尔蒂的团队已经对观测到任何有意义的东西不抱期望。常规测量的结果不够振奋人心，他们甚至一连几天不去查看数据。但是在查看数据的时候，他们注意到土卫二凭借一己之力牵引土星磁场并使其发生扰动。这表明卫星有某种大气困住并拖着磁场。当探测器再次飞越土卫二时，多尔蒂也观测到了同样的现象。有一些迹象表明“大气”是由水构成的。土卫二太小，无法形成永久的大气层，而且含水大气层对卫星来说是罕见的：这是怎么一回事？

多尔蒂的团队连续几周开会讨论这一发现，为了弄清楚观察到的现象，他们一次次地处理数据，研究其中的含义。在一次报告会议上，多尔蒂说服任务控制员让探测器穿越受影响区域，以确认那里有物质存在。探测器进行了一次非常接近卫星表面的飞行。任务控制员对打破探测器飞越卫星的最近距离纪录兴奋不已，当时“卡西尼号”距离土卫二表面仅 173 千米——这将是值得夸耀的壮举。起初，科学家们对任何计划任务的改变都持怀疑态度：那可是他们在过去几年里精雕细琢的结晶。但他们开始相信这一发现的重要性，并认为“卡西尼号”应该尝试更近距离的探测。后来，科学家和控制人员决定让探测器在 25 千米的高度飞行，稠密的“大气”让飞船处于失控边缘——简直是险象环生！

逐渐积累的数据表明，“大气”仅局限在土卫二的南极。在被称为“虎纹”的区域，卫星产生了水蒸气和水冰碎块（冰雹和雪）的喷射物，由甲烷、二氧化碳和其他简单有机分子构成。再一次，眼见为实。探测器于 2006 年经过卫星表面时拍摄了喷泉般的水雾，当时它处在观察太阳照射下的水雾的绝佳位置。

喷射到土卫二周边的总冰量与黄石公园老忠实喷泉的喷射量差不多。一部分冰晶落在土卫二上，还有一部分被喷射到太空中，为土星 E 环提供物质补充。这个弥漫的环位于土星主环的外侧，勾勒出土卫二的轨道，蜿蜒在土星周边。

一如木卫一的表面被火山的硫磺和火山灰覆盖，土卫二的表面有一半被冰火山喷发的冰覆盖。被覆盖的土卫二北极附近相当古老，坑坑洼洼的地形很像月球。陨石坑被峡谷扭曲、侵蚀或切断——它们显然经历过相当多的地质活动。

土卫二上间歇泉喷发的“冰云”
© NASA/JPL/SSI

间歇泉所在的土卫二南半球相对较新：这是一种被雪花和冰雹喷射物覆盖的光滑且略微有褶皱的地形。喷射物中的雪花回降到土卫二表面。数百万年的降雪为地表覆盖上了厚厚一层积雪。微小的雪花覆盖了土卫二的岩石表面，让山丘和洼地不再明显。一些更明显的地貌特征依旧屹立在积雪表面，仿佛幽灵：古老且深埋地底的陨石坑和峡谷，其中最大的可与亚利桑那州的大峡谷相媲美。

这个地区覆盖着一层细粉末状的雪花，有时深达 100 米。这比滑雪场的积雪要深得多。但是它的积累速度很慢，其降雪量比滑雪场管理人在初冬看到的还要少。积雪层的形成速度每年不到千分之一毫米。即使形成速度如此之慢，但是经过数百万年的时间，它已经形成了一个优质的滑雪道——永久积雪的质量有保证！土卫六的湖泊巨浪让它成为一个冲浪胜地，而土卫二则是滑雪的好去处——去土星度假的成本很昂贵，但很少有地方能把夏季和冬季运动结合得如此天衣无缝。

土卫二上的间歇泉来自浅表层的地下水库，这使其成为全年可用的冬季运动场。这片土地被大片平行的暗色裂缝割裂开，即“虎纹”，而裂缝深处的区域是温暖的。土星的引潮力让土卫二发生弯曲，由此产生的热量

让岩石变热，这与木星的引潮力让木卫一发生弯曲变形一样。因此，土卫二的内部是滚烫的岩石，高温融化了内部冰层，地下洞穴充满了含有有机化学物质的融水。地下水库很大：地下海洋在地下 30 千米处，可能有 10 千米深。

这片海洋环境与地球的某些生态位环境相似：位于火山岩深处既潮湿又温暖的黑暗洞穴。这意味着土卫二是潜在的生命栖息地。查尔斯·达尔文在描述地球上的生命起源时，设想生命可能源于一个“温暖的小池塘”（见第 2 章）。在土卫二上，生命可能起源于一个“温暖的巨大水池”。土卫二因此成为探索外星生命的潜在目标。它或许是最容易进行这一探索的地方。土卫二上的间歇泉提供了卫星表面曾经温暖的水源样本，寻找外星生命的宇宙飞船可以将它们收集起来进行分析。它只需要穿过喷射物，而不必钻进 1 千米深的冰层——如果要在木卫二的地下海洋寻找生命，它就得这么做了。它甚至不需要在土卫二上着陆就可以探索出这里是否有生命。难怪天体生物学家们都被吸引过来研究这颗卫星，梦想着未来的航天任务可以揭开它的未解之谜！

# 第14章

# 天王星

## 颠倒乾坤

- **科学分类**：冰巨行星
- **距离太阳**：287,250 万千米，是日地距离的 19.2 倍
- **直径**：51,118 千米，是地球直径的 4.01 倍
- **公转周期**：84.1 年
- **自转周期**：17.9 小时
- **云顶的平均温度**：−165℃
- **神秘力量**：“我观察宇宙的视角完全与众不同。”

古时候并没有关于天王星的记载。理论上，我们可以在最有利的条件下看到它，但并非易事，所以它在望远镜发明之前不为人所知也不足为奇。天王星是 1781 年被发现的第一颗行星。它的存在似乎证实了提丢斯–波得定则，这一奇怪定则与行星到太阳的距离有关，描述了太阳系结构中某些重要的东西。大家都认为，如果我们能了解这一隐藏的科学秘密，它将成为一个重要的科学启示。有些人仍然对这个秘密保持信心，但是，即使秘密真的存在，科学家们也仍未找到这个秘密。

其他天文学家对此表示怀疑。巧合的是，在古斯塔夫・霍尔斯特的音乐组曲《行星》中，关于天王星的乐章

诠释了他们的怀疑。他将这一乐章命名为“魔术师”。乐曲本身就有几个魔术戏法，包括咒语似的末尾高潮，听起来像天王星笼罩在火焰中销声匿迹：毫无疑问这是一种幻觉。许多天文学家不情愿地得出这一结论：提丢斯-波得定则就像魔术师的戏法，其意义并不像看上去那样非凡。然而，天王星确实是一个颠倒的世界，这可不是幻觉。

天文学家威廉·赫歇尔在妹妹的协助下发现了天王星。1781 年的时候，威廉还不是一名天文学家，而只是一名对天文学充满好奇的音乐家。他于 1738 年出生在汉诺威，后来成为一名军乐队成员。他作为英国军队的一员参加了哈斯滕贝克战役。后来他离开了军队，有不实之言说他在被法国人击败后的混乱中擅离军队，逃回英国。他在巴斯定居下来，成为一名音乐教师和教堂管风琴手。参加钢琴课的名流闺秀认为，他就是一名黄金单身汉。他的妹妹卡洛琳也逃离了汉诺威，只不过不是从军队，而是从她和威廉的哥哥雅各布那里逃了出来。雅各布虐待她，胁迫控制她沦为一名家庭主妇。她的脸因天花留下了疤痕，家人告诉她这样的脸永远也找不到丈

天王星和它的四个主环及部分卫星
© NASA/JPL/STScI

夫，而她应该让家人成为她的生活重心。她已经接受了这个必然发生的自私预言，但她无法听凭自己余生都要为哥哥缝制长筒袜。她成功地在巴斯与友善的威廉会合，让他免受掠夺成性的寡妇的骚扰，为他的音乐会伴奏，与他协作展开研究。在威廉迷恋上天文学时，她便开始自学。

威廉在自家地下室里铸造和打磨镜子，亲手制作望远镜（直到今天，我们仍可以看见地板上留有因一场高温事故开裂的痕迹）。他利用木头和锡设计并制作镜筒。他把望远镜架在花园草坪上；为了获得更好的观测视野，他也会把望远镜架在屋外的大街上。他制作的望远镜百里挑一，清晰的光学器件平稳地架在牢固的底座上，操作方便，这是它们后来发展为盈利生意的基础。

威廉心生“检阅”整个寰宇的想法，对每颗星体和星体间的空间进行观测：天空在他的望远镜取景框中平行飘过，他始终盯着望远镜。卡洛琳把一切安排得井井有条。他们记录了双星、星团和星云，他们整理的目录发展为一个大致框架，为之后一个多世纪的详细调查提供了基础。

1781 年 3 月 13 日，威廉观测到一颗值得特别注意的星体。望远镜优良的光学性能使他能够观测到星体外表的与众不同。它可能是一颗“星云状恒星或一颗彗星”。在接下来的几小时和几天内，兄妹俩又对它做了好几次观察，发现它已经移动了，因此不可能是固定不动的恒星。有可能是彗星吗？没有，它与彗星的概念有诸多不一致。彗星可能会在高度偏心的轨道上穿越太阳系，但是这一与众不同的天体是在土星轨道之外的近圆轨道上运行，就像一颗行星。此外，彗星的外观通常是模糊的，带有像头发一样的彗发和彗尾。这一与众不同的天体和行星一样有一个圆面。如果一只鸟形似鸭子且能发出鸭子的“嘎嘎”声，那它很有可能是一只鸭子。同理，这一与众不同的天体看起来像一颗行星，其行为也像一颗行星：事实证明，它就是一颗行星。

威廉受邀向国王乔治三世介绍这一发现，并被要求为温莎城堡制作一架望远镜，向宫廷展示天文景观，比如新发现的彗星。他被任命为国王的皇家天文学家并得到了一笔津贴，这样他就可以无忧无虑地全职侍奉——他的助手妹妹卡洛琳也得到了一笔津贴。她的津贴只有威廉的一半，这一性别差异即使在今天也司空见惯。尽管如此，卡洛琳还是对这笔津贴非常满意，因为这给予她一种前所未有的自由：“1787 年 10 月，我收到了第一笔季度津贴 12 英镑 10 先令。在我 37 岁的时候，我平生

第一次觉得自己可以随心所欲地花钱。”

有关行星的命名引发了许多争议，威廉有意将其命名为“乔治之星”以迎合英国国王，可其他国家的天文学家甚为不满。德国天文学家约翰·波得的提议最终获胜。波得认为：“我们应当遵循用古代神祇命名行星的惯例。”他建议以古希腊天空之神的名字乌拉诺斯来命名这颗行星。天王星是唯一一颗名字直接源自古希腊神话的行星，其他行星都采用了古罗马诸神的名字。

作为 17 世纪晚期德国天文学的领军人物，波得是发现和推广著名的提丢斯-波得定则的主要人物，而天王星在发展这一定律中发挥了重要作用。约翰·丹尼尔·提丢斯自 1756 年开始在维滕贝格担任物理学教授，其间他将瑞士科学家查尔斯·博内撰写的《沉思的自然》一书从法语译成德语。提丢斯在译本中加入了自己的想法。博内在其中一章写道：“目前我们知道太阳系有 17 颗行星（和卫星），但我们不确定是否还有更多。”在后文中他继续期盼望远镜的改进能带来更多的发现。就在此处，提丢斯插入了我们现在熟知的提丢斯-波得定则：

> 我们只要对行星之间的距离稍加留神，就不难发现，距离的间隔随距离增加而增大。假如我们将土星到太阳的距离设定为 100 个单位，那么水星到太阳的距离为 4 个单位，金星到太阳为 4 + 3 = 7 个单位，地球为 4+6=10 个单位，火星为 4+12=16 个单位……以此类推，火星之后的位置应是 4 + 24 = 28 个单位，但在这个位置上没有发现行星……这儿一定有未被发现的天体。越过这个空隙后，到木星的距离为 4 + 48 = 52 个单位，土星为 4 + 96 = 100 个单位。这是多么值得赞美的关系！

波得在阅读了提丢斯翻译的博内著作后，将提丢斯提出的这种关系加进了自己的书里，即 1772 年出版的《天文学导论》。显然波得只是遵循了提丢斯的观点，但是他在书里压根没有提及提丢斯的名字。他的书一经出版就引起了其他科学家的兴趣，因此它被称为波得定则。提丢斯在这个故事中扮演的角色被重新挖掘出来，这个定则随后被正确地冠上他的名字，成为提丢斯-波得定则。

除了火星和木星之间的空隙，把行星到太阳的距离

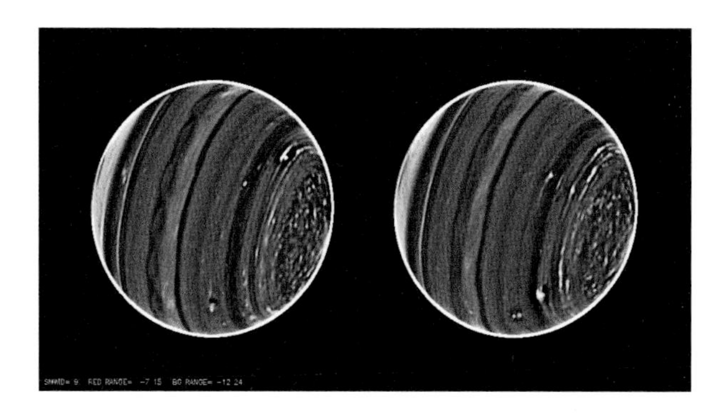


目前清晰度最高的天王星照片

从里向外成倍地增加，几乎可以符合下表的提丢斯–波得定则：

**提丢斯–波得定则**

| 行星 | | | | 计算距离 | 实际距离 / 10 倍天文单位 |
|---|---|---|---|---|---|
| 水星 | 0 | +4 | = | 4 | 3.9 |
| 金星 | 3 | +4 | = | 7 | 7.2 |
| 地球 | 6 | +4 | = | 10 | 10 |
| 火星 | 12 | +4 | = | 16 | 15 |
| 空隙 | 24 | +4 | = | 28 | — |
| 木星 | 48 | +4 | = | 52 | 52 |
| 土星 | 96 | +4 | = | 100 | 95 |

天王星又在表格上增加了一行，简直无懈可击：

| 行星 | | | | 计算距离 | 实际距离 / 10 倍天文单位 |
|---|---|---|---|---|---|
| 天王星 | 192 | +4 | = | 196 | 192 |

天王星与提丢斯–波得定则的精确契合似乎说明它并非巧合：会有更多发现接踵而至。在发现天王星的几年后，小行星或矮行星谷神星被发现。它填补了火星和木星之间的空隙（见第 8 章）。

这一定则似乎具有预言般的魔力。木星的 4 颗主要卫星在其轨道上的间距，以及天王星大卫星之间的间距，也都应证了这一规律。

但是提丢斯–波得定则并不适用于海王星：

| 行星 | | | | 计算距离 | 实际距离 / 10 倍天文单位 |
|---|---|---|---|---|---|
| 海王星 | 384 | + 4 | = | 388 | 301 |

然而，提丢斯–波得定则的一个分支适用于太阳系外行星系统巨蟹座 55 中的 5 颗行星，还有一个更复杂的定则似乎也适用于 68 个拥有至少 4 颗行星的行星系统。当然，数学公式越复杂，就越容易精确地拟合数据，而无须遵循基本原则。

天文学家一直在太阳系的形成和亲身经历中寻找该定则的起源。但始终一无所获。如尼斯模拟所示，行星间的相互作用或许与此有关——我观看的第一个尼斯模拟的演示，引发了一位狂热观众宣称模拟的创造者亚历山德罗·莫比德利终于解开了提丢斯–波得定则的秘密！然而，莫比德利否认了这种可能。

提丢斯–波得定则可能是某个隐秘却重要的规律的初露头角，也有可能只是对数字命理学毫无意义的巧合。

它可能事关某一重要事件，这一预测让人联想到行星运行的早期历史。德国天文学家约翰内斯·开普勒发现了一个巧合，即行星间距与五种嵌套在一起的正多面体的大小有关。它们被称为柏拉图多面体，分别是正四面体、正六面体、正十二面体和正二十面体。

开普勒记载了灵感乍现的这一刻。1595 年 7 月 19 日那天，他正在为一节几何课做准备。他在黑板上画了许多正圆，每个圆里都有一个正三角形。这些三角形里又有一个小圆与其各边相切。开普勒突然意识到，这两个圆的大小比例与木星和土星的轨道比例相同。

他继续思考是否可以用同样的方式拟合其他行星的轨道。他尝试了其他平面几何图形——三角形、正方形、五边形等，但并不适用。或许三维几何图形更好，更能代表三维世界的行星。这一设想收获颇丰。

在太阳系模型中，开普勒构建了一系列嵌套的多面体，有点像俄罗斯套娃，从土星轨道向内，用一个球体表示。他把正六面体装在球体内，各面都与球体相交，然后在正六面体内放进一个与它各面相切的球体。这个球体代表木星的轨道。在这个球体里面，他又装进了一个正四面体。正四面体内的球体代表火星的轨道。在这个球体内，他装进了一个正十二面体（地球），然后是一个正二十面体（金星），最后是一个正八面体，其内切球就代表水星的轨道。

开普勒从母亲那里继承了对占星术和炼金术的爱好（他的母亲曾被当作女巫审判）。他偶然发现的太阳系模型与他本人相得益彰，其神秘特性对他极具吸引力。他写了一本相关著作并于 1596 年出版，书名为《宇宙的奥秘：宇宙学先驱；论天体的奇妙比例，以及天体数量、大小和周期运动的真实原因；五种正多面体的构建模式》。这个标题清楚地表明，开普勒认为这一巧合是了解太阳系行星秘史的关键。人类往往会在无意义之中寻找意义，就和有些人会从彩票的幸运数字上看到重要性一样。这就是巧合，一种没有根本意义的巧合。

然而，开普勒是一个坚定的神秘主义者，他继续在行星运动中寻找类似的代数关系。1619 年，他发表了著名的开普勒第三定律，该定律将行星公转轨道大小的立方与公转周期的平方联系起来。这被证明是牛顿万有引力定律的推论，因为两个天体（如行星和太阳）之间的引力与它们之间距离的平方反比成正比。这五种几何多面体毫无意义的数字巧合成就了开普勒的重大发现，其背后是一条基本的自然科学定律。提丢斯-波得定则曾经也被寄予一丝希望，现在这种希望在一定程度上依然存

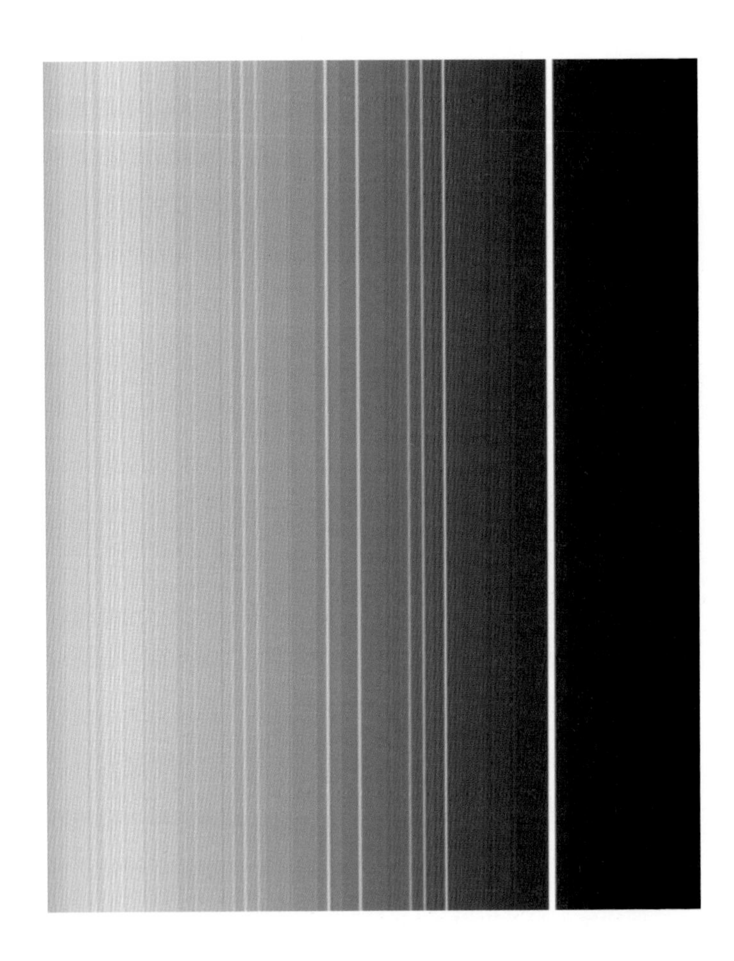

天王星环，由“旅行者 2 号”摄于 1986 年

在。这对那些闭门造车的理论家来说极具吸引力，行星科学杂志《伊卡洛斯》不得不停止发表接收到的许多相关投稿。

天王星轨道暗示了一个秘密，天王星本身亦是如此。因为距离遥远且少有宇宙飞船问津，关于天王星和海王星的研究都少于其他行星。事实上，这两颗行星只在 20 世纪 80 年代末有过一次探索记录。“旅行者 2 号”探测器于 1986 年造访了天王星。目前还没有其他探测计划。

从表面上看，天王星类似木星和土星，但它比这两位更小，离太阳更远，也更冷。因此，天王星的生活比木星的生活更平淡无奇，其云顶几乎始终如一、毫无特色；但也并非完全如此。天王星具有特别的蓝绿色外观，因为它有一层厚厚的甲烷冰云。与木星和土星不同，它的内部由各种各样的冰块组成，而不是氢和氦——有时它会被称为冰巨行星，而不是气态巨行星。它时不时还会经历大风暴：没有人知道它们是如何被触发的，但也有猜测认为它们是季节性的。

天王星的磁场很奇怪，强大却混乱。它不以行星中心为中心，并且有非同寻常的倾斜角。它的强度是地球磁场的 50 倍。

天王星的追随者众多，有至少 24 颗卫星。它们都以威廉 · 莎士比亚的戏剧人物和亚历山大 · 蒲柏的一首诗命名。其中最大的卫星远小于木星或土星的卫星，甚至比月球还小。天卫一、天卫二、天卫三、天卫四和天卫五是天王星最大的 5 颗卫星，它们的直径可达 1,500 千米。这颗行星也有一个由 13 个环组成的系统，其中最著名的五环是 1977 年天文学家在观测一颗被天王星遮住的恒星时发现的。

进行这样的观察要有相当高的组织性。恒星的位置必须精确测量，行星的走向也需要进行同样的精确计算。虽然从地球上某些地方观测时没有发生掩星现象，但也有可能是行星与恒星擦身而过，却没有真正遮住它，更别提有些观测站可能在关键时刻处于日光下，或者被云层覆盖。

解决这些问题的方法之一是在合适位置安排一些备用观测站。1977 年的观测活动采取了不同方式，使用了美国国家航空航天局在洛克希德 C-141 “运输星” 喷气式运输机上改装的柯伊伯机载天文台。它飞到云层上方，在合适的高度和时间里，对星体光线穿过行星大气层时

发生的亮度下降现象进行研究。这一切都在意料之中，但令人惊讶的是，星体亮度在观测之前和观测之后分别下降了 5 次。其中一组在研究前 40 分钟进行，另外一组在研究后 40 分钟进行。在每一组的 5 次观测中，天体的亮度都不一样，但是两组的模式是相同的，只不过顺序相反。

特殊的亮度变化是因为天王星有 5 个行星环。这些环的密度不尽相同——因此亮度也不尽相同。1986 年，“旅行者 2 号”探测器飞越天王星时拍摄的照片证实了这些光环的存在，哈勃空间望远镜也对其进行了研究。它们受到天王星卫星的限制和引导。在某些情况下，这些卫星只存在于假设中：它们很小，且未被观测到。

在太阳系的主要行星中，天王星有一个独特的属性：它被撞翻了。其他行星像陀螺一样旋转，其自转轴基本上垂直于公转轴，自转方向也和公转方向保持一致。从位于地球地轴北端的北天极看，地球的自转和公转都是逆时针方向。地球赤道平面与公转轨道平面之间的倾角并不大。但是天王星却几乎是颠倒的：它在轨道上倾倒滚动，其自转轴躺在轨道平面上，实际上指向平面下方的一点，形成了一个颠倒的世界。这颗行星的卫星为这种非同寻常的颠倒提供了原始证据。它们围绕天王星的赤道旋转，表明其极点倾斜超过 90 度。天王星环的倾斜程度也是如此。

因此，在天王星公转一周的 84 个地球年里，天王星的南北两极在一半时间里会交替指向和远离太阳。当北半球处于夏季中点时，它的北极差不多正对着太阳。当天王星继续运行时，太阳会偏离中心，远离北极天。随着每个“天王星日”的自转（每 17.9 小时自转一次），天王星北极点附近的观测者可以看到太阳围绕北天极旋转。这段时间一直处于白天。光圈会逐渐变大和下降，最终掠过地平线。长达 21 年的仲夏之后，太阳不再从地平线上升起。接下来将迎来长达 42 年的严冬，此时昼夜等长，北半球一片黑暗和寒冷。最终，太阳会露出地平线，夏天再次来临。在北极的观测者将再次体验持续的光照。

相比之下，在赤道上的观测者每 8.8 小时就可以观看一次昼夜交替。在仲夏和仲冬时节，分别围绕北天极和南天极旋转的太阳不会升到地平线以上。在春天和秋天，太阳每天都会从头顶上经过。这一周期决定了天王星的季节远比地球极端。这或许与天王星上间或出现

天王星剪影
© NASA/JPL

的甲烷风暴有关。但是天王星的四季更迭一次需要很久（84 年），且没有人可以近距离观察它的运作方式。

是什么导致天王星的倾斜程度如此之大？天文学家在必须对发生在遥远过去的某些行星特性做出解释时，通常不止一个答案——行星秘史往往深藏不露。一个不容忽略的事实是，天王星的主要卫星和主环都绕其赤道运行。无论造成天王星倾斜的原因是什么，都势必造成了卫星的倾斜。

有一种理论认为天王星曾经有一颗距离很近的大型卫星，这导致天王星在运行的时候非常摇摆不定。它带着自己的卫星摇摆到另外一边。最后，当天王星在太阳系中与其他天体擦身而过时，这颗卫星被抛了出去。

然而，最广为接受的理论是：天王星在最后的形成阶段与一颗与地球大小相当、甚至更大的小行星发生碰撞，小行星在被吸收合并前将天王星撞向另一侧。总的来说，天王星仍然“记得”这次偏离靶心的撞击，其倾斜是由小行星进攻的特定方向导致的。此次撞击遗留的碎块构成了卫星的一部分。天王星混乱的磁场可能是撞击的结

果，也许撞击导致行星内部留下了一些有趣的结构。对这一理论的解释是：天王星曾相继受到两次以上的撞击。然而，没有一个理论可以完全解释这一切是如何发生的。

与天王星有关的天文学体现了走近科学的两种完全不同的方法。一方面，天文学是通过占星术发展起来的，那是一门基于艰深数字命理学的神秘伪科学，就像开普勒寻找行星轨道的几何或代数公式。另一方面，它的发展也有赖于细致和系统的观察，一如威廉·赫歇尔对天空的探索。而对提丢斯–波得定则的讨论介于这两个极端之间，处在一个悬而未决的位置。同样的，太阳系具有双面性。从一方面讲，它就像一块精确的手表，绝对恒定有序。从另一方面讲，太阳系也是偶然和混乱的结果，灾难性事件赋予每颗行星独一无二的特征。

行星的生活是有序和偶然的混合体。人类的生活也是如此，不仅有偶然事件，还有理性有序的思想和荒谬无序的推测。

# 第 15 章

# 海王星

## 错配

- **科学分类：** 冰巨行星
- **距离太阳：** 44.95 亿千米，是日地距离的 30.1 倍
- **直径：** 49,528 千米，是地球直径的 3.88 倍
- **公转周期：** 165 年
- **自转周期：** 19.1 天
- **云顶平均温度：** –200℃
- **内心控诉：** “木星和土星合力联手将我抛出去，导致我和天王星交换了位置。”

笔尖上发现的海王星是一个新世界。它由法国数学家奥本·勒维耶计算得出。其发现地点在意料之中，但结果证明这只是一场错配：从科学角度看，它出现在了错误的地方，因太阳系的混乱被抛至此地。

勒维耶准备揭开天王星偏离轨道的原因。在威廉·赫歇尔发现它的存在之后，天文学家也追踪到过往几次相关的观测结果。由于望远镜不够清晰，天文学家没能发现它是一颗行星，因此视其为恒星进行观察，并将结果记录在了星表和星图里。在威廉·赫歇尔发现天王星的本质之前，从 1690 年 12 月到 1771 年 12 月，天王星

在这 81 年期间一共被观测到 22 次。19 世纪 20 年代，人们已经准确测量出天王星 84 年的公转周期，这足以表明它偏离了轨道，天文学家也开始探讨个中原因。人们普遍接受的一种推测是，一颗此前未被发现的行星使天王星偏离了轨道。

有两位数学家对寻找这颗待发现的行星颇感兴趣。他们是来自巴黎的奥本·勒维耶和来自剑桥的约翰·库奇·亚当斯。亚当斯的计算是正确的，但在寻找行星的过程中，年轻谦逊的他曾小心翼翼地向乖戾的皇家天文学家乔治·艾里寻求帮助，结果遭到了怠慢。替艾里说句公道话，受雇于英国政府的他是当时最资深的科学家，他收到了大量与天文学无关的请求，比如调查一座桥坍塌的原因。艾里把皮球踢给了剑桥的詹姆斯·查利斯，查利斯漫不经心地开始了调查。

1846 年，勒维耶把自己对这颗行星的位置预测寄给了柏林天文台的天文学家约翰·加勒，而那时查利斯和亚当斯都不再把这件事放在心上。在收到信的当晚，加勒和他的助手海因里希·达赫斯特就开始寻找，将勒维

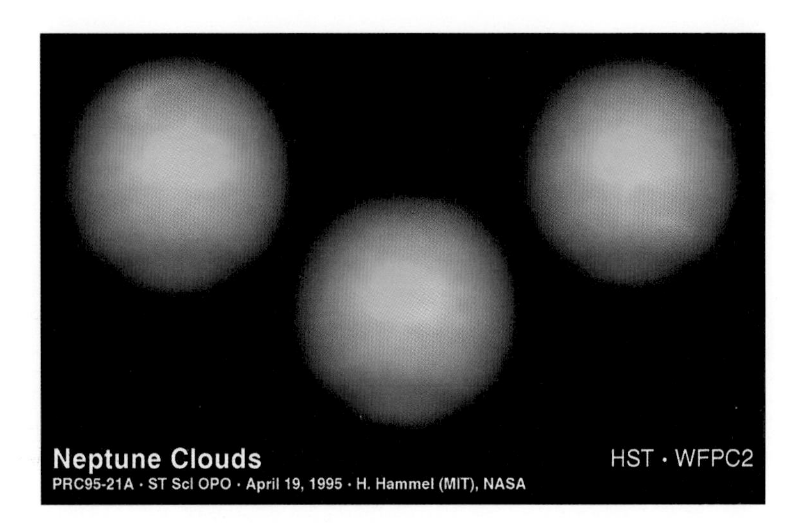


海王星的大气变化
© NASA/JPL/STScI

耶发现的天空区域与一些新的星图进行对比。不到 30 分钟，达赫斯特和加勒就发现了一颗没有在地图上标注的星体，并且在第二天晚上发现这颗星体移动了，确认了它正是那颗新行星。加勒给勒维耶回信："先生，您指示的位置确实存在一颗行星。"勒维耶回复他："感谢您如此迅速地执行我的指示。多亏了您，我们才真正拥有了一个新世界。"

霍尔斯特在 1914 年至 1916 年创作《行星》组曲时，海王星仍然是太阳系最外层的那颗行星。也许这就是他创作了最后这一乐章的原因，以渐隐式结尾来代表这颗行星之外的无限空间。舞台下的房间里，女子合唱团唱响最后的和弦，当房门关上，声音渐退，最后一节不断重复，直至声音消失在远处。

冥王星和海外天体先后让海王星失去了太阳系最远行星的标志地位，但它仍是四大巨行星中最外层的那一个。它与天王星一起组成了所谓的"冰巨行星"。它的大气层——我们能看到的那一层——主要由氢和氦组成。海王星具有与木星相似的气候带和无法预料的大风暴，其中一个区域还出现了地球大小的"大黑斑"。这里的风暴比天王星上的更引人注目，尽管天王星离太阳更近且因此能接收到更多能量来驾驭其气候。虽然海王星比天王星更活跃，但这说明不了什么——通过普通的望远镜，它看起来就是一个平淡无奇的淡蓝色星球。因为它的大气中含有更多的甲烷（它的温度更低），所以看起来比天王星更蓝。奇怪的是，海王星辐射的热量是它从太阳接收到的热量的两倍左右。多出来的这部分来自海王星内部的冷却。它有 4 个十分暗淡的行星环，呈块状，有可能是小行星或彗星太过靠近被引潮力俘获并击碎形成的。1989 年 8 月“旅行者 2 号”飞掠海王星，这是至今为止人类唯一一次造访它。

在发现冥王星和海外天体之前，以海王星为标志的边界并没有发生很多令人兴奋的事情。因为它距离太阳很远，受到的引力很弱，所以那里的一切都很缓慢。海王星不可能在如此缓慢的地方形成。这是怎么一回事呢?

行星的大小有一个向外递进的过程——越靠近太阳越小，越靠近太阳系边界越大，质量也逐渐减小。这一递进的过程想必源自太阳星云的密度。有一种观点认为，在太阳周围的星云中，某一轨道上的物质越多，在这里形成的行星质量就越大。当然，此后的进程会减少或增

加行星的质量，重新排列行星。但起始点在哪里？

太阳星云是由气体和尘埃组成的圆盘，所有行星都由此而生，当然如今它已荡然无存。在正在形成行星系的恒星邻居周围，我们或许可以看到绕其旋转的类似星云，它们可以指引我们认识太阳系的起源。但这并不实际，因为即使是最近的新生行星系统也遥不可及。另一个问题是，天文学家只能探测到气体和尘埃，但观测不到比网球更大的物质。他们也无法探测在星云中形成的星子。这些小家伙至关重要，因为它们是形成行星的关键。

因此，天文学家必须通过观察最终结果——我们的太阳系，逆向推理来解决初始阶段的问题。我们知道，太阳星云中的氢和氦在许多行星上存在，但我们也可以相当肯定地说，行星上较重的元素能代表它的起源，如铁和硅。因此，假设太阳的成分变化不大，天文学家计划对每颗行星的岩石成分进行采样并加入氢和氦，直到化学元素组成整体上与太阳相匹配。然后，天文学家把每颗行星增加的质量分散到其轨道上，得到一张太阳星云的表面密度图。接下来，他们尝试计算星云是如何在这样的密度下形成行星的。

尽管这个方法似乎大有希望，但是天文学家没法用它成功制造太阳系行星。这种方法形成的表面密度很低，导致太阳星云的质量过于分散，无法快速形成巨行星。根据这种方法，木星需要几百万年才能形成，天王星和海王星则需要几十亿年。然而，有迹象表明，行星的形成可能只需要数十万年的时间，甚至更短。

这看起来没有足够的时间让太阳系发展壮大。如果行星形成于当前之地，那么巨行星形成前的物质收集必将需要大量的时间。此外，氢气和氦气会随着时间的消逝慢慢消散在太空中。巨行星的形成进程不只是减缓，而是永远无法完成。

不愿意放弃这一研究路线的天文学家转而研究了可能的改进方案，希望这一理论可以奏效。他们注意到一个颇有希望的改进方法：如果这些行星形成的位置只有当前位置距离太阳的一半，那么太阳星云的面积会压缩到既有的四分之一，密度也会相应增加，密度大的地方就会开始形成星子，这将加速巨行星的形成。

这一切都表明，远日行星一定是在更接近太阳的地方形成之后再向外移动的。通过行星之间的相互作用，太阳系变得越来越大。这就是尼斯模拟的本质。

但是另一个细节道明了海王星的情况。随着与太阳距离的增加，太阳星云外围的表面密度会平稳下降，这使得行星的质量平稳下降——木星的质量是地球的 320

海王星剪影
© NASA/JPL-Caltech/Kevin M. Gill

倍，土星的质量是地球的95倍。但随后这一趋势出错，出现了意料之外的数据。天王星的质量是地球的14倍，海王星的质量是地球的17倍。海王星应该比天王星更接近太阳。根据这个观点，天王星应该处在太阳系的边界，而不是海王星。换言之，海王星处在了错误的位置。

两颗远日行星的位置必须互换，行星形成理论才能正确奏效。令人称奇的是，尼斯模拟进行过这样的互换。回想起来，那次尼斯模拟以行星的数量和位置出发，科学家们观测运行之后发生的情况，最后比较运行结果。那时所有人都聚焦于可以与真实太阳系拟合良好的结果。在拟合良好的结果中，有一半的天王星和海王星互换了位置。这种情况的发生是由于木星和土星发生了共振，其中一颗行星公转两周所用的时间与另一行星公转一周所用的时间完全吻合。这两颗最大的行星合力调换了天王星和海王星的位置。

总的来说，木星一开始向内朝太阳移动，然后向外迁移。土星、天王星和海王星也向外迁移。但是，在进入现在的近圆轨道之前，海王星在一个几乎覆盖了整个太阳系空间的偏心轨道上运行。它不遵守交通规则，径直穿过其他行星的轨道。它对太阳系中较小的天体产生了巨大的影响：没有被较大行星吞噬的碎块形成了小行

星。这些混乱事件合力将许多小行星抛向内侧，其中一些被主要的行星俘获，成为其卫星。或许就是通过这种方式，火卫一和火卫二成了火星的卫星（见第 7 章）。一些小行星被限制在谷神星附近，位于火星和木星的轨道之间（见第 8 章）。其他小行星被抛向太阳系边缘（见第 16 章）。还有一些散落在孤独的星际空间。

这可能是行星历史上最动荡的时期。然而，结果对我们相当有利。遍布太阳系的小行星已经被清除和限制，就好像太阳系经历了一场大扫除，清除了地球在未来被轰炸的大部分风险。当然，因为小行星继续影响着地球上生命的进化，人类依旧面临着流浪的危险，就像希克苏鲁伯撞击对恐龙造成的影响。但撞击是偶然的，并非持续且致命的轰炸。作为一个物种，我们幸免于难。

第 16 章

# 冥王星

## 来自寒冷地带的局外人

- **科学分类**：矮行星
- **距离太阳**：5.9064 亿千米，是日地距离的 39.5 倍
- **直径**：2,370 千米，是地球直径的 0.186 倍
- **公转周期**：248 年
- **自转周期**：6.4 天
- **平均表面温度**：−225℃
- **暗自思忖**："我作为一颗行星被发现，他们为此开心了 70 年（除了几个抱怨鬼）。虽然他们现在不需要我这颗行星了，但是我很乐意领导一个重要的新团队。"

冥王星曾被列为第九大行星，它的公转轨道只比海王星大一点点。它的确位于围绕太阳的轨道上，且质量足够大，但在统治太阳系的行星群边缘徘徊的它被证明不够强大，并逐渐被挤进一个影响力较小但仍然重要的群体里。相较于八大行星，冥王星更类似一群被称为"海外天体"的小玩家。最近，它被降级为"矮行星"。冥王星位于太阳系的边缘，是名副其实的局外人。它的地位变化使它更接近这一比喻，有些人抗议对它进一步

的羞辱。事实证明，冥王星属于太阳系中最重要的一个群体。

在寻找海王星之外的行星的过程中，冥王星被发现了。海王星被发现是因为存在这样一种假设——有一颗待发现的行星让天王星偏离了轨道，而在 19 世纪末，海王星本身也被怀疑是偏离轨道的。也许在海王星轨道之外运行着第九颗行星，也就是所谓的 X 行星。来自波士顿的商人珀西瓦尔·洛厄尔在亚利桑那州弗拉格斯塔夫建立了一座天文台，他开展了观测工作，多次拍摄星空，以寻找这颗行星。

洛厄尔在 1916 年去世时也没能发现 X 行星。观测工作仍在继续，最终由克莱德·汤博接手，他是一位年轻的业余天文学家，被雇来继续主持这项工作。1930 年，24 岁的汤博发现了 X 行星，即后来的冥王星。它是在寻找行星的过程中被发现的，也自然而然地被认定为一颗行星。

和海王星一样，冥王星被发现的地方也很接近它的预测位置。然而，这只是瞎猫碰上死耗子。经证实，海王星轨道的差异被夸大了，而且冥王星的质量也不大（其质量直到20世纪80年代才被测量），因此也不可能让海王星偏离轨道，所以预测位置毫无意义：洛厄尔和汤博只是碰巧找对了地方。观测工作的确开花结果，只是结出的果子与预期全然不同。

尽管冥王星被尊为X行星，但是一些奇怪的现象表明它从未与太阳系的其他行星真正合拍。它异常之小，直径只有水星的一半。它的确有5颗卫星，其中与冥王星大小相当的冥卫一可以用地面望远镜观测到；其他卫星都很小很远，只能通过哈勃空间望远镜观测。但是，我们已经知道太阳系中许多较小的天体都有卫星，这并不是一个特别重要的特质。

在这些事实未被揭露之前，即使人们对冥王星的主要了解只有其轨道，冥王星也依然被认为是行星中的局外人。它的公转轨道高度偏心——有时它的轨道在海王星轨道之内。此外，其轨道平面相对于其他行星轨道平面的倾角大得出奇。冥王星和其他行星之间这些难以忽视的差异被束之高阁，和此前依次出现的土星、天王星和海王星一样，它登上了教科书中太阳系最外层行星的位置。但无论从字面意思还是从其引申义来看，它都是一个局外人。

冥王星地表特写

在一次非常成功的任务中，“新视野号”宇宙飞船从地球出发，经过了10年的飞行，在2015年近距离飞掠冥王星。冥王星十分寒冷，平均温度为−225℃。它的地形崎岖且遍布坑洼，山脉布满水冰，平原上都是固态的氮、甲烷和一氧化碳。山脉只有几千米高。地貌与地球南极洲一些崎岖地带颇为相似。冰层在星光闪耀的夜空下闪闪发光，如同皎洁的月光：太阳的光线在冥王星上减弱了，其亮度几乎与地球上满月的夜晚亮度相当。

冥王星最大的卫星冥卫一在冥王星的天空中看起来很庞大。当冥王星表面与冥卫一的角直径为4度的时候，冥卫一的直径是月球的8倍；但是如果把冥王星上看到的完整冥卫一与地球上看到的满月相比较，冥卫一的亮度只有月球的百分之几，其他相也是如此。这是因为太阳和冥王星的距离比和地球的距离远得多。

冥王星的大气层稀薄。当“新视野号”离开冥王星时，它回望了阳光照射下的大气层，看到了一片层层叠叠的蓝色雾霾，高出地面200千米。大气层包含了氮气、甲烷等分子，阳光对这些气体作用，产生了烃类混合物如乙炔和乙烯。这些化学物质凝结成小颗粒，形成

了雾霾。

冥王星上有一个宽约 1,000 千米的醒目平原，叫作斯普特尼克平原。它由固态的氮和一氧化碳组成。它看起来是一个深约 3 千米的撞击盆地，是由一颗大流星的撞击造成的，里面结满了冰。表面被分裂成多边形。它们被认为是循环对流单元：可能是最初的流星撞击驱动了地底下的深部热源，造成固态冰不断搅动。斯普特尼克平原类似月球上充满熔岩的盆地——灰色的月海，只不过由冰块构成，而非玄武岩。冰川流入平原：冰川由氮气构成，而不是水。

冥王星有许多陨石坑——在飞掠冥王星时已经发现了 1,000 个。但斯普特尼克平原表面压根没有陨石坑，所以形成它的撞击是最近发生的——一场发生在不到几百万年前的灾难。在它的西部边缘，也就是靠近山脉的地方，是一片由固态甲烷颗粒构成的沙丘，而不是沙子。山脉吹来的风把它们排成了沙丘。科学家惊讶地发现，因为冥王星的大气非常稀薄，在大气中产生变化所需的热量微乎其微，冥王星上的风竟然可以吹起甲烷雪花。然而，在经过计算之后，科学家表示这种讶异源自对其他世界的环境缺乏想象；这种现象并不基于新的基本原理。

1992年，大卫·杰维特及其博士生简·刘在海王星轨道之外找到了数千颗小行星中的第一颗。它们有一个写实的名字——海外天体。直径超过100千米的小行星可能有成千上万颗。其中有一些和冥王星一样大，甚至更大。当中的大多数位于太阳系外边缘的柯伊伯带。那里阳光微弱，且海外天体距离地球很远，大多数的体积都很小，它们看起来相当暗淡，难以被观测到，所以成功地躲开了我们。

海外天体大多形成于它们目前所处的位置，有些则是从更靠近太阳的地方被喷射到柯伊伯带的：也许是尼斯模拟描述的木星和土星的轨道共振造成的。大体上，科学家认为它们是早期太阳系遗留的星子。经证实，它们当中有部分尺寸相当大，可与冥王星媲美。许多海外天体是在夏威夷的天文望远镜中发现的，因此命名都源自夏威夷文化。妊神星和鸟神星是它们当中较大的两个天体。

天涯海角是一颗小而模糊的海外天体。它由哈勃空间望远镜发现。当时这架望远镜正在对太阳系一个非常特殊的区域进行深度观测，即“新视野号”离开冥王星后要飞过的区域。哈勃空间望远镜想在柯伊伯带为宇宙

飞船提供一个调查对象。它发现了 3 个天体，并最终选择天涯海角作为研究对象。

天涯海角的轨道周期为 298 年，与太阳的距离是日地距离的 44.5 倍：在一次公开征集命名中被命名为天涯海角。这个名字指的是传说中的极北之地，维京人认为它位于英国北部。在中世纪，极北之地被认为是北边最遥远的陆地，因此被称为“天涯海角”。虽然天涯海角与极北之地齐名，但它并非最遥远的海外天体。2018 年底，有一颗直径约 500 千米的海外天体被发现，它与太阳的距离是日地距离的 125 倍，是天涯海角与太阳的距离的 3 倍。这颗新海外天体有一个尚未被官方接受的昵称：遥远。随着天文学家发现越来越多的遥远天体，我们很快也会找不到描述它们的词语。

“新视野号”在 2019 年元旦拜访了天涯海角。事实证明，它由两个球体相连在一起形成，很像一个雪人，总长度33 千米。块状的结冰球体上有小洞，疑似陨石坑，也有可能是气体逸出导致的。这些团块由更小的星子组成，粘在一起形成了独立的球体，然后两个球体轻轻碰撞融合在一起。天涯海角的两个球体是太阳系最原始的部分，初次形成于 40 亿年前或更早；除了这次撞击，它始终古今一辙。

冥王星北极的冰封峡谷

如果天涯海角的体积更大，或许比实际体积多十余倍，那么其内部重力和辐射产生的热量会使其演化分层并最终形成球体。这就是发生在冥王星上的情况。但是天涯海角的形状记录了海外天体的早期岁月。

在柯伊伯带发现的新奥秘让冥王星的地位越发清晰，它不再被视为独一无二。海王星附近及海王星之外还有其他类似的倾斜、偏心轨道。冥王星实际上不是一颗行星，而是一颗海外天体。

在千禧年的头几年，冥王星不是行星的观点引起了一波公众讨论。很难解释公众为何如此关注这一科学问题，尤其是美国公众。很明显，这当中一定有情感因素。由美国人发现的行星仅有冥王星一颗——是这个原因吗？或者是。如今少有人关注希腊神话，而冥王星的英文名很可爱，和迪士尼卡通人物米老鼠的宠物狗布鲁托同名。（按照迪士尼家族的传统，这只狗在亮相之后以这颗行星命名。）

按照科学实践惯例，有关冥王星性质的问题不会在特定场合下决定，比如议会开始前的议案。和之前的小行星事件一样，个别天文学家在多个场合已经讨论过这个问题，并一一揭示了其中的微妙差异。最受关注的天文学家可能会发表形形色色的观点，比如赫歇尔、皮亚齐和波得发表关于小行星的观点（见第 8 章）。其他天文学家会遵循自己认为的最有说服力的论点。他们当中一些人会在讲座、文章或教科书中总结这个问题，而后逐渐达成共识。然而，关于冥王星的争论却不是以这样的方式解决的。这一争论演变为了政治争论，闹到了国际天文学联合会，最后以一种科学上不常见的方式达成了一致。

国际天文学联合会这一组织聚集了全世界的天文学家，以更好地协调他们的工作。它通过了命名惯例，为编制天体目录提供标准，方便科学家汇集各项数据。天体分类对国际天文学联合会来说至关重要，他们凭此制定天体清单。

国际天文学联合会每隔几年召开一次，对最新的天文学问题进行讨论。2006 年 8 月在布拉格举行的国际天文学联合会大会对冥王星问题进行了大量的讨论。经过了许多初步争论，最后一天的正式会议上提出了冥王星不属于行星的方案，最终以绝大多数票通过。

国际天文学联合会通过了一份定义行星属性的清单。

根据定义，行星是一个围绕太阳公转的天体，其质量要足够大且近似球体（与彗星或绝大部分小行星不同，谷神星是个明显的例外，见第 8 章）。就行星这一部分的定义而言，大小很重要，其直径必须超过 400 千米，这取决于其构成是岩石还是冰块。此外，被定义为行星的天体还要有足够大的体积将自己轨道上的所有其他天体（除了它可能拥有的卫星）清除掉，要么把外来天体吸引进来，要么把它们驱逐出去。

我是投票赞成这项提案的与会者之一。虽然这一过程我持保留态度，但是为了停止争论，我还是行使了投票权。这个争论已经持续了很长时间，而且有些方面很是棘手。这一问题亟须解决——我们这些天文学家看起来愚不可及，就和中世纪争论天使等级的神学家一样。

国际天文学联合会界定的行星定义结合了三个不同标准，每一个都有关不同的性质。第一个标准和行星的轨道有关，这一点自哥白尼以来便被公认为行星的主要属性。第二个标准关于行星的结构——行星的质量要足够大且近似球体，并在自身重力的作用下平衡其内部结构。我们认为这也解释了为什么行星是我们期待的样子：近似球体。冥王星通过了这两项测试。

最后一个标准是，在形成过程的最后阶段，行星要把自己轨道上的“邻居”清除掉，要么把相近尺寸的天体（除了自己的卫星）吸收进来，要么把它们驱逐出去。因为冥王星的轨道上发现了其他海外天体，所以它无法满足这一点。所以，冥王星不是行星。

如果冥王星不是行星，那它是什么？国际天文学联合会定义了第二类太阳系天体，即“矮行星”：

> 一颗“矮行星”是一个天体，它满足：（a）围绕太阳运行；（b）有足够大的质量来克服固体应力以达到流体静力平衡的（近似球体）的形状；（c）没有清空所在轨道上的其他天体；（d）同时不是一颗卫星。

国际天文学联合会指出，根据这些定义，冥王星和小行星谷神星（见第8章）同为“矮行星”。冥王星已经从“行星”降级为“矮行星”。然而，如果它的锐气因此受挫，那么矮行星群唯它马首是瞻这一事实或许能让它聊以自慰：它们包括谷神星、妊神星、阋神星和鸟神星。但是许多海外天体都有可能是矮行星，而且在太阳系的黑暗地带，可能还有更多的大型矮行星尚未被发现。

从某种意义上说，也许冥王星已被降级，但无论从

字面意思还是从引申义来看，它都不再是局外人。也许它的确位于太阳系边缘，也许它的确被冰雪覆盖，且还有很多未知的细节，但它仍是太阳系中最重要的天体之一，保留着行星诞生的密钥。我们已经认清了冥王星的本质，也了解到它的部分秘密。它虽身处严寒地带，却受到了热情的款待。

# 太阳系总览

## 太阳

太阳是位于太阳系核心的恒星。迄今为止，它是太阳系中最大的天体，而且几乎所有的天体都围绕它运行，尽管准确来说，包括太阳在内的所有天体都围绕同一个质心旋转。太阳本身能产生能量，而其他天体都接受阳光辐射，并且因它们自身的温度受到辐射能量的推动。

## 行星

行星是围绕太阳旋转的大型天体——或固态，或液态，或气态。由于质量巨大，它们已经形成了一个近似球体的形状，一层一层地建构起来，每一层都支撑着上面几层的重量。太阳系形成之初在其轨道附近留下的物质被它们纳为己有，除了绕其运行的卫星。行星包括水星、金星、地球、火星、木星、土星、天王星和海王星。

前四颗行星的表面遍布岩石，被称为类地行星，后四颗行星具有延伸的气态外壳，被称为气态巨行星，最后两颗行星有时也被称为冰巨行星。

## 矮行星

围绕太阳公转且近似球体，但与其他类似天体共用一个轨道的天体被称为矮行星。矮行星包括轨道位于火星和木星之间的谷神星，以及轨道位于太阳系外围的冥王星、妊神星、鸟神星和阋神星。目前太阳系约有 100 颗矮行星，但也许还有数百颗尚未被发现。

除了行星、矮行星和卫星，所有围绕太阳运行的天体都被称为太阳系小天体。这个类别包括以下几种天体。

## 小行星

大体上，在火星和木星之间的小行星带运行的小型天体被称为小行星。也有部分小行星在太阳系其他轨道上运行。它们都是由岩石构成的。除了近似球体的谷神星，其他小行星都不近似球体。它们通过固体碎块实现自我支撑，而不是逐层支撑。

## 流星体

流星体是与小行星十分相似，但体积更小的岩石或尘埃粒子。

## 流星

当流星体与行星、小行星或卫星的大气层碰撞并燃烧时，就会成为流星。我们在地球上能看到它们划过夜空。

## 陨星

陨星是坠落在地球等行星表面的流星体。

## 海外天体

海外天体是位于海王星轨道以外的柯伊伯带中的小行星，包括冥王星和谷神星以外的所有矮行星。

## 彗星

彗星是由冰和岩石组成的太阳系小天体，它们能在太阳系内任何地方运行，并且在接近太阳时，它们会释放一团由水蒸气和尘埃形成的云雾，形成彗尾。

# 大事年表

公元前 9000—6000 年　刻有月相记录的伊尚戈骨

公元前 500 年　毕达哥拉斯指出在清晨与黄昏观察到的两个天体是同一颗行星（即金星）

1543 年　尼古拉·哥白尼发表日心说

1609—1619 年　约翰内斯·开普勒发现行星运动的三定律

1610—1616 年　伽利略第一次通过望远镜观察到金星、木星卫星和土星环的相变

1656 年　克里斯蒂安·惠更斯发现土星环是土星成像变化的原因

1665 年　乔瓦尼·卡西尼发现木星的大红斑

1666 年　乔瓦尼·卡西尼发现火星上的极地冰盖

1675 年　乔瓦尼·卡西尼发现土星环的内部结构

1686 年　伯纳德·勒·德·丰特奈尔出版《关于宇宙多

样化的对话》

1687 年 艾萨克·牛顿提出万有引力理论，解释了行星的运动

1766 年 约翰·丹尼尔·提丢斯在其著作中介绍了提丢斯–波得定则的相关阐述

1772 年 约翰·波得发表提丢斯–波得定则

1774 年 奈维尔·马斯基林在希哈利恩山测量地球质量

1781 年 赫歇尔兄妹威廉和卡洛琳发现天王星

1796 年 皮埃尔·西蒙·拉普拉斯证明太阳系的稳定性

1801 年 朱塞佩·皮亚齐发现第一颗小行星谷神星

1802 年 威廉·奥尔伯斯发现智神星

1802 年 威廉·佩利将行星系统比作一块手表

1804 年 卡尔·路德维希·哈丁发现婚神星

1807 年 威廉·奥尔伯斯发现灶神星，这是他发现的第二颗小行星

1815 年 沙西尼火星陨石坠落地球

1827 年 约瑟夫·傅立叶发现地球大气中的温室效应

1840 年 威廉·比尔和约翰·冯·马德勒绘制第一张火星地图

1846 年 奥本·勒维耶预测了海王星的位置

1846 年 约翰·加勒和海因里希·达赫斯特发现海王星

1848 年　爱德华·洛希展示引潮力如何瓦解一颗接近行星的卫星

1859 年　查尔斯·达尔文提出自然选择进化论

1859 年　奥本·勒维耶开始寻找火神星

1860 年　埃马纽埃尔·利亚提出火星上的黑暗区域是一片植物

1865 年　谢尔戈蒂火星陨石坠落地球

1877 年　阿萨夫·霍尔发现两颗火星卫星：火卫一和火卫二

1877 年　乔凡尼·斯基亚帕雷利绘制火星地图并声称发现河道

1887 年　亨利·庞加莱研究三体问题并发现“混沌”

1894 年　珀西瓦尔·洛厄尔在弗拉格斯塔夫建立天文台，观测火星和寻找 X 行星

1896 年　H. G. 威尔斯开始创作小说《世界大战》

1909 年　欧仁·安东尼亚迪证明火星运河是一种错觉

1911 年　纳赫拉火星陨石坠落地球

1913 年　米卢廷·米兰科维奇计算地球公转轨道和气候的周期变化

1915 年　阿尔伯特·爱因斯坦发现广义相对论

1930 年　克莱德·汤博发现 X 行星（即冥王星）

1935 年　尤金·维格纳和希拉德·贝尔·亨廷顿预测金属氢的存在

1936 年　英格·莱曼发现地核结构

1956 年　康奈尔·梅耶测量金星高温

1961 年　卡尔·萨根解释温室效应的失控导致了金星高温

1962 年　“水手 2 号”成为金星的首个太空访客

1963 年　爱德华·洛伦茨发现“蝴蝶效应”

1965 年　“水手 4 号”探测器首次成功造访火星

1969—1972 年　“阿波罗号”宇航员登陆月球

1970—1976 年　“月球”16 号、20 号和 24 号计划将月球土壤带回地球

1970—1983 年　包括“金星 7 号”在内的多个“金星号”探测器前往金星，“金星 7 号”是首个在另一颗行星表面着陆的探测器

1971 年　“水手 9 号”首次进入火星轨道

1974—1975 年　“水手 10 号”先后飞掠金星和水星

1975—1976 年　“海盗号”登陆火星

1977 年　柯伊伯机载天文台发现天王星环

1978 年　格伦·彭菲尔德发现希克苏鲁伯陨石坑

1979 年　琳达·莫拉比托发现木卫一上的火山

1979 年　“先驱者 11 号”飞掠土星及其卫星

1979 年　“旅行者 1 号”和“旅行者 2 号”飞掠木星

1980—1981 年　“旅行者号”探索土星及其卫星

1986 年　“旅行者 2 号”造访天王星

1989 年　“旅行者 2 号”造访海王星

1990 年　马克·肖沃尔特发现土星的卫星潘神

1990—1994 年　“麦哲伦号”前往金星

1992 年　大卫·杰维特和简·刘发现冥王星之后的第一颗海外天体

1994 年　舒梅克-列维 9 号彗星闯入木星大气层

1995 年　“伽利略号”成为首个进入木星轨道的航天器

2000 年　“NEAR-舒梅克号”探测器进入爱神星轨道，于 2001 年着陆

2003 年　“猎兔犬 2 号”火星着陆器搭载“火星快车号”前往火星

2004 年　“卡西尼-惠更斯号”土星探测器探索土星

2004 年　“惠更斯号”探测器降落在土星最大的卫星土卫六上

2005 年　亚历山德罗·莫比德利与合作者创造尼斯模拟

2005 年　“卡西尼号”在土卫二上发现间歇泉

2005 年　“隼鸟号”探测器探索丝川

2006 年　国际天文学联合会确定了行星的现代定义

2009—2018 年　月球勘测轨道飞行器探索月球

2011—2012 年　“曙光号”探测器绕灶神星运行

2011—2015 年　“信使号”探测器绕金星运行

2013 年　“嫦娥”航天任务将着陆器“玉兔”发射到月球

2015 年　“新视野号”探索冥王星

2015 年　“曙光号”探测器绕谷神星运行

2016 年　“朱诺号”进入木星轨道

2016 年　“奥西里斯王号”探测器发射前往小行星贝努

2018 年　“贝比科隆博号”探测器发射

2018 年　“隼鸟 2 号”探测器降落在龙宫

2019 年　“新视野号”飞过天涯海角

# 图片来源英汉对照表

| | |
|---|---|
| A. Nota | A. 诺塔 |
| Ames Research Center | 艾姆斯研究中心 |
| Bill Dunford | 比尔 · 邓福德 |
| Bill Ingalls | 比尔 · 英格斯 |
| Caltech | 加州理工学院 |
| Carnegie Institution of Washington | 华盛顿卡内基研究所 |
| DLR (Deutsches Zentrum für Luft- und Raumfahrt) | 德国航空航天中心 |
| ESA (European Space Agency) | 欧洲空间局 |
| G. Bacon | G. 培根 |
| Gerald Eichstädt | 杰拉尔德 · 艾希施塔特 |
| Heidi Hammel | 海蒂 · 哈默尔 |
| IDA (International Dark-Sky Association) | 国际暗天协会 |
| Imke de Pater | 伊姆克 · 德 · 帕特尔 |
| Joel Kowsky | 乔尔 · 考斯基 |
| Johns Hopkins University Applied Physics Laboratory | 约翰斯 · 霍普金斯大学应用物理实验室 |
| JPL (Jet Propulsion Laboratory) | 喷气推进实验室 |
| Kevin M. Gill | 凯文 · M. 吉尔 |
| Lawrence Sromovsky | 劳伦斯 · 斯罗莫大斯基 |

| | |
|---|---|
| MPS (Max-Planck-Institut für Sonnensystemforschung) | 马克斯–普朗克太阳系研究所 |
| MSSS (Malin Space Science Systems) | 马林空间科学系统公司 |
| NASA (National Aeronautics and Space Administration) | 美国国家航空航天局 |
| Northwestern University | 西北大学 |
| Pat Fry | 帕特・弗莱 |
| Robert Simmon | 罗伯特・西蒙 |
| SDO (Solar Dynamics Observatory) | 太阳动力学天文台 |
| Seán Doran | 肖恩・多兰 |
| SOHO (Solar and Heliospheric Observatory) | 太阳和太阳圈探测器 |
| SSI (Space Science Institute) | 空间科学研究所 |
| STScI (Space Telescope Science Institute) | 空间望远镜研究所 |
| SwRI (Southwest Research Institute) | 美国西南研究院 |
| TAMU (Texas A&M University) | 得克萨斯农工大学 |
| UCLA (University of California, Los Angeles) | 加州大学洛杉矶分校 |
| University of Arizona | 亚利桑那大学 |
| University of Wisconsin-Madison | 威斯康星大学麦迪逊分校 |
| USGS National Map Data Download and Visualization Services | 美国地质调查局国家地图数据下载和可视化服务 |
| Z. Levay | Z. 莱维 |

著作合同登记号 图字：11-2022-073



**图书在版编目（CIP）数据**

行星的秘密生活：太阳系的秩序、混乱与独特性 /（英）保罗·默丁 (Paul Murdin) 著；陈锐珊译. —杭州：浙江科学技术出版社，2022.8

ISBN 978-7-5739-0065-4

Ⅰ. ①行… Ⅱ. ①保… ②陈… Ⅲ. ①太阳系—普及读物 Ⅳ. ① P18-49

中国版本图书馆 CIP 数据核字 (2022) 第 092664 号

书　　名　行星的秘密生活：太阳系的秩序、混乱与独特性
著　　者　［英］保罗·默丁
译　　者　陈锐珊

出版发行　浙江科学技术出版社
杭州市体育场路 347 号　邮政编码：310006
办公室电话：0571-85176593　销售部电话：0571-85176040
网址：www.zkpress.com　E-mail：zkpress@zkpress.com
印　　刷　河北中科印刷科技发展有限公司

开　　本　787mm × 1092mm 1/32　印　　张　9.75
字　　数　117 000
版　　次　2022 年 8 月第 1 版　印　　次　2022 年 8 月第 1 次印刷
书　　号　ISBN 978-7-5739-0065-4　定　　价　99.80 元

出版统筹　吴兴元
编辑统筹　郝明慧　特邀编辑　荣艺杰
封面设计　墨白空间·张萌
责任编辑　卢晓梅　责任校对　张　宁
责任美编　金　晖　责任印务　叶文炀